AF307158

Für alle die mit Neugier in die Welt sehen

Karl Kaltenböck

Der Rotkraut Indikator

Einfache chemisch physikalische
Untersuchungen
für Schule, Haus und Garten

BoD - Books on Demand, Nordersted Verlag

Bibliografische Information der Deutschen Nationalbibliothek: Die Deutsche Nationalbibliothek verzeichnet diese Publikation in der Deutschen Nationalbibliografie; detaillierte bibliografische Daten sind im Internet über dnb.dnb.de abrufbar.

Herstellung und Verlag:
BoD – Books on Demand, Nordersted

ISBN: 9783741288524

VORWORT

Produkte und Stoffe die wir heute in unserem Lebensbereich verwenden sind kontrolliert, analysiert und nach genauen Richtlinien hergestellt, sodass wir ohne Bedenken uns an den Aufklebern und Angaben der Hersteller orientieren können.

Ohne Bedenken?..

Mit diesem Buch möchte ich das Interesse wecken, an allem was uns in einer modernen industrialisierten Welt umgibt. Produkte und Stoffe erkennen, ihre Herkunft enträtseln und die Inhaltstoffe kritisch nachfragen oder selbst analysieren. Mit wenigen physikalischen und chemischen Grundkenntnissen ohne Formeln eigene Messungen durchführen und so Produkte miteinander vergleichen, ist nicht nur Aufgabe von Speziallabors mit modernster Analytik, sondern kann mit Hausverstand und einfachen Küchengeräten von jedem Interessierten selbst durchgeführt werden.

Besonders ist dieses Buch auch entstanden aus meiner Tätigkeit mit Kindern und Jugendlichen im Bereich des Open Lab an der Kepler Uni in Linz wo es galt, Kinder und Jugendliche für naturwissenschaftliche Fächer zu interessieren und ihre Neugier an unserer komplexen Welt zu wecken. Ich möchte mich dafür beim Rektor bedanken, der mir die Möglichkeit gab, mich hier mit Rat und Tat einzubringen.

Als „Labor Ausrüstung" braucht es oft nur ein Lineal, eine Küchenwaage, ein paar Glasröhrchen, einen kleinen Gasbrenner und einfache Grundchemikalien. Oft ist ein Taschenrechner alleine genug um Angaben auf Herstelleretiketten zu durchleuchten. Mit Hausverstand seine eigene Qualitätskontrolle betreiben, um das für sie beste Produkt zu ermitteln. Auch die nützliche Unterstützung von App und Co möchte ich dabei positiv hervorheben.

Lassen sie sich nicht von High Tech Labors zum unwissenden Zwerg schrumpfen. Sie werden überrascht sein welche Möglichkeiten eine jede Küche bietet und mit wie wenig „Laborausrüstung" sie ihre Umwelt erforschen und entdecken können.

Ich kann nur hoffen, dass auch sie die Neugierde und das „Forscherfiber" packt, das mich seit Kindheitstagen begleitet. Begonnen hat alles mit einem Lehrer, seiner Begeisterung und seinem Spruch zur Bestimmung von Gesteinen und Mineralien: „Schaue, schabe, spalte ritze, löse, wäge, fühl erhitze".

Jänner 2017   Karl Kaltenböck

INHALT

1 Sicherheit und Messgeräte

Welche Sicherheitsmaßnahmen braucht man beim Umgang mit Säuren und
Laugen? Welche Erste Hilfe ist bei Verbrennung oder Verätzung notwendig und
welche einfachen Messinstrumente und Laborgeräte sind für die Untersuchungen
in diesem Buch notwendig?
Obwohl sich dieses Buch mit Chemie und Physik beschäftigt, wird versucht nur
mit wenig chemischen Symbolen aus zu kommen. Trotzdem gibt's eine kurze
Abhandlung von chemischen Formeln und Einheiten zum Nachschlagen.

KÜCHE, WAAGE, VOLUMEN, TEMPERATUR

Um die in diesem Buch beschriebenen Tests selbst durchführen zu können, brauchen sie einige Geräte und Chemikalien. Bei vielen Versuchen reichen aber bereits Geräte, die in jeder Küche zu finden sind.

Die Küche als Labor

Herkömmliche Küchengeräte wie E-Herd, Küchenwaage, Gläser, Töpfe, Messer und Löffel können gut für chemisch, physikalische Untersuchungen zweckentfremdet werden. Auch Chemikalien, von Ameisensäure (Kaffeemaschinen Entkalker) über Essigsäure bis Zitronensäure, sind im Haushalt verfügbar.

Küchenherd, Kühlschrank: Um Flüssigkeiten zu erhitzen, abzukühlen oder einzudampfen, reichen Küchengeräte. Eleganter werden diese Arbeiten mit einem *Gasbrenner* (gibt's schon um wenige Euro) durchgeführt. Das *Backrohr* kann zusätzlich zum Trocknen von Substanzen eingesetzt werden.

Küchenwaage: Die Waage sollte eine Anzeige von 1 Gramm unterscheiden. Möchte man 0,05g genau wiegen sind Briefwaagen die ideale Wahl. Meist ist der Messbereich von Küchenwaagen aber nicht sehr linear. Das heißt bei 10g ist das Ergebnis ungenauer als bei 1kg. Um diese Ungenauigkeit der Küchenwaage zu bestimmen ist eine Messreihe notwendig. Messreihe heißt sie wiegen verschieden Gewichte mit bekanntem Gewicht ab und bestimmen die Abweichung.
Im unteren Bereich eignen sich Euromünzen gut für diesen Zweck.
1Cent = 2,30g / 5Cent =3,92g / 20Cent =5,74g / 50Cent =7,80g / 2€ =8,50g
Mit 10x 50 Cent können sie die Waage bis 78,0g testen. Weitere Gewichte können auf einer Gemüsewaage im Supermarkt (die geeicht sind) ermittelt werden. Wiegen sie ihren Einkauf zu Hause noch einmal und vergleichen sie das Ergebnis. Zeichnen sie die Ergebnisse in ein Diagramm ein (geht auch gut mit Excel) in dem der wahre Wert und der gefundene Wert eingezeichnet sind. An der daraus entstanden Grafik lassen sich Abweichungen gut ablesen. Hat die Küchenwaage einen Anzeigebereich von 2kg wird bis 2kg getestet. Eine weitere Testserie ist mit einer Tara Belastung sinnvoll, da meist in ein Gefäß eingewogen wird.

Messen von Volumen

Ein Messen von Volumen bei Flüssigkeiten geht am genauesten mit Pipetten, Messzylinder und Messkolben. Diese Dinge sind in Geschäften für die Landwirtschaft erhältlich, wo sie für Bodenanalyse und Alkoholbestimmungen Verwendung finden. Die entsprechenden Größen der Messgeräte werden bei den einzelnen Untersuchungen angeführt. So weit wie möglich werden jedoch auch Flüssigkeiten abgewogen und die Dichte (g/ml) berücksichtigt.

Temperatur und Dichte messen

Ein digitales Thermometer, das auch in Flüssigkeiten die Temperatur misst, ist ein wichtiges Utensil um analytische Arbeiten durchzuführen. Zum Beispiel ist das Volumen von Flüssigkeiten von deren Dichte abhängig. Die Dichte einer Flüssigkeit ergibt sich aus dem Gewicht, dividiert durch das Volumen. Das Volumen ändert sich mit der Temperatur. Warm hat eine Flüssigkeit mehr Volumen, kalt weniger. Daher können Werte nur bei 20°C miteinander verglichen werden. Andere Werte müssen korrigiert werden.
Ein digitales Thermometer sollte einen Temperaturbereich von -60°C bis +300°C abdecken. Kosten von 30-50€ lohnen sich.

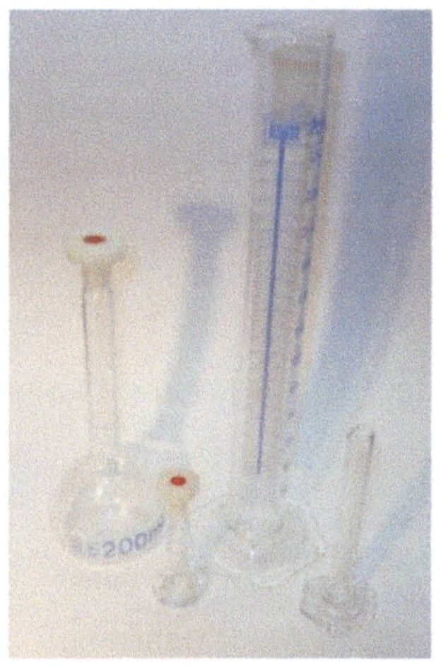

Volumen messen mit
Messkolben
und Messzylinder

Küchenwaage bis 5kg

Gewicht	g Soll	g Ist
1 Cent	2,30	2,00
5 Cent	3,92	4,00
20 Cent	5,74	6,00
50 Cent	7,80	8,00
2 Euro	8,50	9,00

Münzgewichte und mögliche Abweichungen

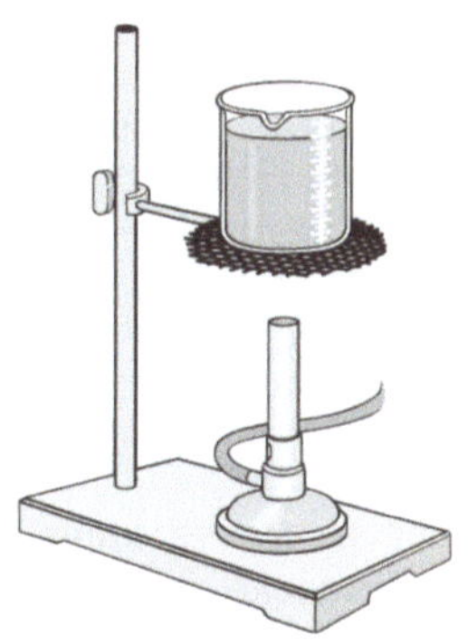

Tropfpipette zur tropfenweise
Zugabe von Flüssigkeiten

Bunsenbrenner für Flammenfärbung
oder zum Erwärmen von Flüssigkeiten

ERSTE HILFE BEI CHEMIEUNFÄLLEN

Vorsicht ist beim Umgang mit Chemikalien der beste Eigenschutz.
Gefahrensymbole beachten!

Die hauptsächlichen Notfälle beim Umgang mit Chemikalien sind:

- Vergiftung – Verätzung - Verbrennung

Vergiftung!

Erkennen:

Eine Vergiftung zu erkennen, heißt auf Merkmale wie Übelkeit, Erbrechen,
Durchfall, Schweißausbrüche, Krämpfe, Schwindel oder Bewusstlosigkeit achten

Maßnahmen:

- Die Betroffenen ruhig ansprechen und herausfinden was passiert sein könnte.
- Notruf 112 absetzen.
- Anrufen Giftnotzentrale (Deutschland 030 19240, Österreich 1 406 43 43)
- Anweisungen der Zentrale durchführen.
- Auf keinen Fall Erbrechen herbeiführen.
- Wichtig Etiketten oder Verpackung sowie Giftreste (einschließlich Erbrochenem) sicherstellen und dem Rettungsdienst mitgeben.
- Bei Bewusstlosigkeit die stabile Seitenlage anwenden und auf die vorhandene Atmung achten. Ansonsten Herz Lungen Wiederbelebung durchführen.
- Wichtig zur Vorbeugung: Chemikalien, Medikamente, Pflanzenschutzmittel nie in Getränkeflaschen umfüllen.

Verätzungen!

Bei Verätzungen kann Gewebe oder die Hornhaut der Augen zerstört werden.

Erkennen:

Rötung der betroffenen Hautareale, Blasenbildung
Starke Schmerzen in den Augen

Maßnahmen:

- Hautstelle oder Augen mit viel Wasser sofort spülen
- Kontaminierte Kleidungsstücke sofort entfernen und Notruf 112 absetzen.
- Ätzende Substanz notfalls abtupfen und keimfreien Verband anlegen
- Beim Verschlucken kleine Schlucke Wasser geben um die Chemikalien zu verdünnen.
- Betroffener soll nicht erbrechen!
- **Bei Augenverätzung das gesunde Auge schützen und das andere mit viel Wasser vom Augenwinkel nach außen spülen. Helfer muss das Auge dabei aufhalten.**
- Schnell für ärztliche Behandlung sorgen.

Verbrennungen/ Verbrühungen

Verbrennungen erzeugen beim Betroffenen starke Schmerzen haben einen
Schock zur Folge.

- Kleiderbrände durch wälzen auf dem Boden löschen
- Kleinflächige Verbrennungen (Handflächengröße) mit viel Wasser kühlen.
- Bei größeren Verbrennungen muss durch eine Rettungsdecke das Auskühlen verhindert werden.
- Wunde steril abdecken und den Verletzten so schnell wie möglich ins Krankenhaus transportieren.
- Verbrennung von mehr als 9%(=ein Arm) bedeuten Lebensgefahr durch Schock.
- Schockbekämpfung: Ansprechen, beruhigen, Füße hochlagern.

ERSTE HILFE BEI CHEMIEUNFÄLLEN

Starke Säuren und Laugen können
Haut und Augen schwer verätzen.
**Sicherheitshandschuhe und
Schutzbrille immer verwenden!**

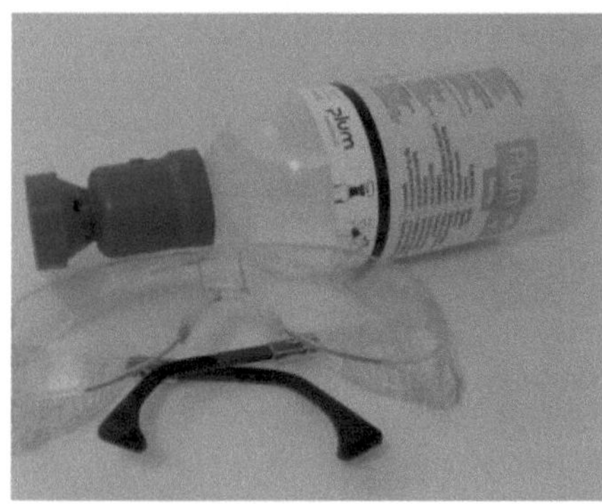

Augenwaschflasche gefüllt mit
0,9%iger Kochsalzlösung und
Schutzbrille

„Chemisch riechen" durch zu fächern
der Dämpfe mit der Hand um
stechende Überraschungen zu vermeiden

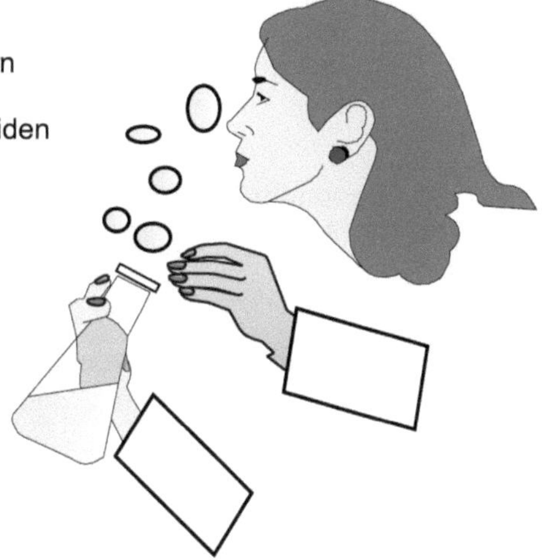

SICHERHEIT MIT CHEMIKALIEN

Zum sicheren Umgang mit Chemikalien sind einige Regeln zu beachten.

- Mit Säuren und Laugen wird nur mit Schutzbrille gearbeitet
- Gummihandschuhe schützen vor Verätzungen
- Flüssigkeiten werden niemals mit dem Mund pipettiert.
- Heiße Geräte nicht mit der Hand anfassen. Dafür gibt es Handschuhe oder Hilfsmittel wie Reagenzglashalter und Gummifinger.
- Alle Chemikalien sind in Originalgebinden und gut beschriftet um jede Verwechslung auszuschließen.
- Alle ätzenden und gefährlichen Flüssigkeiten werden für Kinder unerreichbar und versperrt aufbewahrt.

Produkte die gefährliche Chemikalien enthalten sind mit Piktogrammen gekennzeichnet, die ein schnelles Erkennen von Gefahren ermöglichen. Diese Warnhinweise sollen Gesundheitsgefahren anzeigen. Die Sicherheitshinweise auf den Produkten informieren den Nutzer wie mit den Produkten umzugehen ist und wie bei Vergiftung zu reagieren ist.

Tödliche Vergiftung! Selbst kleine Mengen durch Einatmen, Verschlucken oder auf der Haut können zu schweren oder tödlichen Vergiftungen führen. Kontakt nicht zulassen!

Schwerer Gesundheitsschaden! Dieses Symbol warnt vor Gefährdung der Schwangerschaft, krebserzeugender Wirkung, ist nur im Freien zu verwenden, Sicherheitshinweise sind unbedingt zu berücksichtigen.

Ätzend! Zerstört Haut und Augen! Dieses Zeichen zeigt an das nach kurzer Berührung Haut und Augen geschädigt werden. Schutzbrille und Gummihandschuhe verwenden. Erstmaßnahme mit viel Wasser spülen.

Gesundheitsgefährdung. Dieses Zeichen wird benutzt um auf nicht tödliche, aber schweren Gesundheitsschäden, mit Zusatztext hinzuweisen.

Gefährlich für Tiere und Umwelt! Produkte können in der Umwelt kurz- und langfristige Schäden verursachen. Keinesfalls darf ein solches Produkt in die Kanalisation oder in den Hausmüll gelangen. Entsorgung über Entsorgungszentren.

Entzündet sich schnell! Solche Produkte von Zündquellen fern halten. Betrifft Lösungsmittel, Sprays, Lacke uvm. Ein funktionierender Feuerlöscher und eine Löschdecke in der Nähe können vieles zwar nicht verhindern aber zumindest in der Auswirkung verringern.

**EU Notruf
112
Giftnotzentrale Deutschland
030 19 240
Giftnotzentrale Österreich
1 406 43 43**

Bei Augenverätzung das Auge von innen nach außen 15 Minuten spülen und Augenarzt beiziehen. Das unverletzte Auge schützen.

Warnsymbole auf den Packungen weisen auf Gefahren hin.

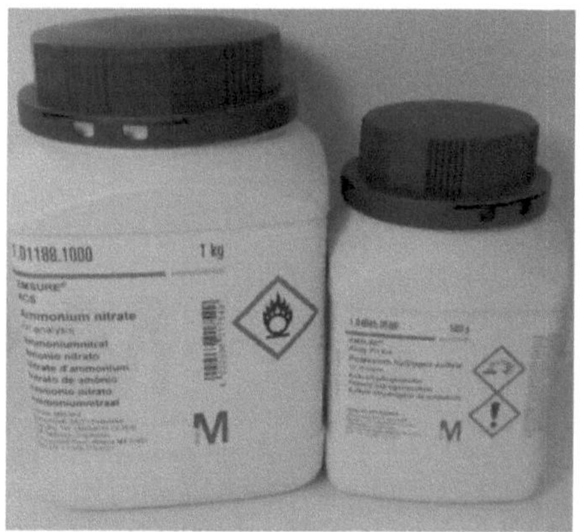

GERÄTE UND MESSINSTRUMENTE

Für den Umgang mit chemischen Substanzen und Tests braucht es nur wenige
Geräte und Messinstrumente. Wie Glasgeräte, Refraktometer, Energiemessgeräte,
Vergrößerungsoptik oder UV Lampen. Bezugsquellen sind im Anhang angeführt.

Reagenzgläser, Uhrgläser, Bunsenbrenner, Pipetten

Substanzen erhitzen, oder tropfenweise zuzugeben ist bei chemischen Analysen
unumgänglich. Gaskartuschen mit Brenner gibt es in jedem Baumarkt.
Reagenzgläser, Reagenzgläserhalter, Messzylinder und Pipetten finden sich in
jedem Agrarmarkt.
Wenn Flüssigkeiten in Reagenzgläsern erhitzt werden ist darauf zu achten, dass
die Öffnung der Eprouvette nie auf Personen zeigt. (Siedeverzug!) Werden
Flüssigkeiten in einem Reagenzglas erhitzt wird die Hitze nur im oberen Teil und
unter ständigem schütteln angewendet.

Refraktometer

Für Untersuchungen von Flüssigkeiten wie Alkohol, Honig, Kühlflüssigkeit beim
Auto ist ein Taschenrefraktometer notwendig. Mit dem Refraktometer wird die
Lichtbrechung gemessen.
Trifft ein Lichtstrahl von einem Medium (z.B. Luft) auf ein anders (z.B. Wasser
ändert er seine Richtung. Im Alltag kenn man diesen Effekt wenn man einen Löffel
in ein Glas Wasser hält und dieser dann „gebrochen“ aussieht. Der gemessene
Brechungsindex ist eine dimensionslose Größe und ist stark von der Temperatur
abhängig. Genaueres dann bei den entsprechenden Untersuchungen.
Zur Messung von verschieden Flüssigkeiten müssen auch verschieden
Vergleichswerte zur Verfügung stehen.
Günstige Geräte gibt es dafür im Autofachhandel wo Kühlflüssigkeiten damit
gemessen werden.

Energie Cost Controll Strommesser

Um wenige Euro gibt es Energiemessgeräte mit denen man den „wahren
Verbrauch“ von E-Geräten messen kann. Ist für das Kapitel Energie ein
brauchbares Hilfsmittel.

Mikroskop, Lupe oder Foto

Für einige Tests braucht es eine vergrößerte Ansicht. Derzeit werden Mikroskop
Kameras angeboten die am PC angeschlossen werden und Vergrößerungen von
20 bis 200 fache ermöglichen. Für die Zwecke dieses Buches sind aber auch
Lupen, Schülermikroskope oder digitale Fotoapparate (mehr als 2 Mio. Pixel)
ausreichend, um eine Aussage treffen zu können.

UV Lampe, Schwarzlichtleuchten

Schwarzlicht ist ein Licht mit der Wellenlänge von 365nm das direkt an das
sichtbare Licht anschließt. Es wird auch als UV-A-Licht bezeichnet.
Werden fluoreszierende Stoffe mit UVA bestrahlt, so reflektieren sie dieses Licht
nicht, sondern absorbieren es und emittieren dunkelblaues bis violettes Licht. Als
Geräte werden UV Lampen, sowohl als Leuchtstoffröhren, als auch als
Handgeräte angeboten.
Papier bestimmen, Geld auf Echtheit prüfen, Substanzen voneinander
unterscheiden sind die Einsatzgebiete von Schwarzlicht.

Refraktometer für die Bestimmung des Brechungsindex bei Flüssigkeiten

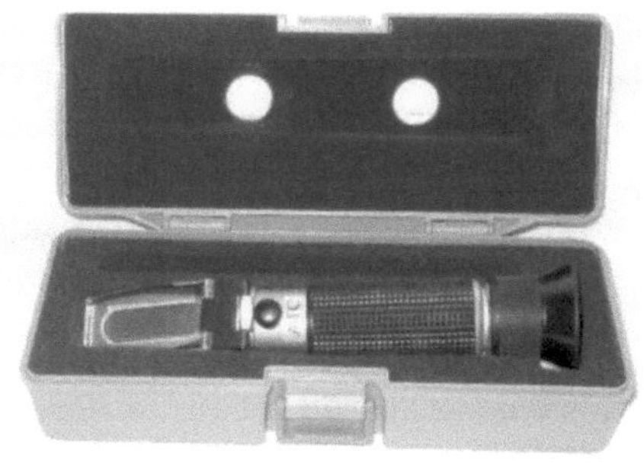

Schwarzlicht Handleuchte

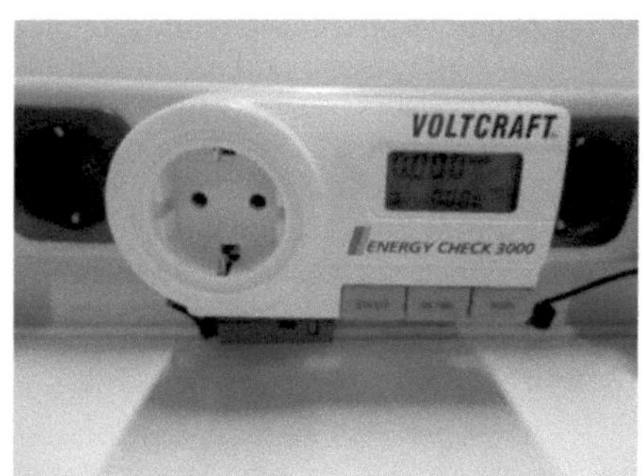

Energieverbrauch an der Steckdose messen

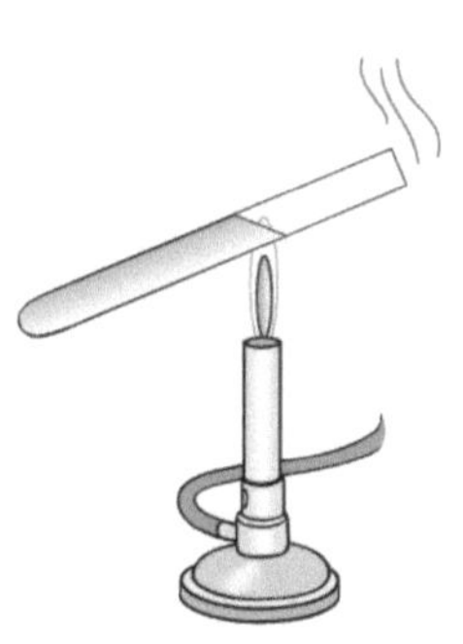

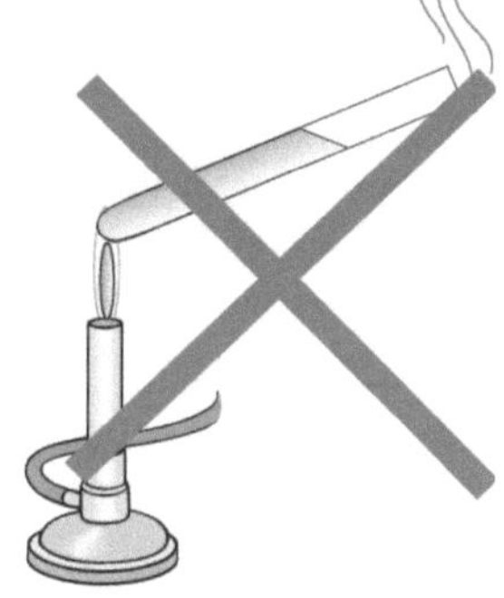

Richtiges und falsches erhitzen von Flüssigkeiten in Reagenzgläsern

SCHNELLTESTS

Im Handel werden eine große Anzahl an Geräten und Teststreifen für
verschiedene Anwendungsgebiete wie Gesundheit, Wasserqualität,
Bodenuntersuchung und pH Wert angeboten. Da die Geräte für eine
Haushaltsanwendung doch sehr kostenintensiv sind, wird hier nur auf Teststreifen
eingegangen.

pH Wert und Teststreifen

Der pH Wert ist ein dimensionsloser Zahlenwert für den dekadischen Logarithmus
(Zehner Logarithmus) der Wasserstoff Ionen Aktivität.
Kurz ein Maß für den sauren oder basischen Zustand einer wässrigen Lösung. Die
Skala reicht von 1 bis 14. pH 1-6 sauer, pH 7 neutral, pH 8-14 basisch.
Der pH Wert ist in allen Lebensbereichen eine wichtige Größe. Beim Menschen
genauso wie bei der Bodenbeschaffenheit und beim Pflanzenwachstum.
Gemessen wird der pH-Wert entweder mit einem pH - Messgerät, mit einem pH
Messstreifen oder durch den Farbumschlag von Indikatoren.

Eine interessante Variante ist immer noch der Rotkrautsaft der je nach pH Wert 1-
14 seine Farbe von Rot, Violett, Blau nach Grün und Gelb ändert. Der Farbstoff
der dafür verantwortlich ist heißt Cyanidin. Auch Tee ändert seine Farbe durch
Zugabe von Zitronensaft.
Die einfachste und billigste Methode bleibt jedoch der Teststreifen der, auf 0,5
Stellen genau, den pH Wert anhand einer Farbskala anzeigt.

Wasserqualität Testkit

Weitere Teststreifen werden für die Analyse von Wasser angeboten. Für
Trinkwasser Kontrolle, Schwimmbadchemie oder Bodenuntersuchung gibt es eine
Vielzahl an einfachen Teststreifen, die zumindest halbquantitative Ergebnisse,
zulassen. Beispiele dafür sind Wasserhärte, Chloridgehalt, Nitratgehalt oder Nitrit-
gehalt. Selbst für einfache Bakterienuntersuchung gibt es einfache Testplatten.
Auf jeden Fall ist die Verwendung von Teststreifen günstiger als die notwendigen
Chemikalien für eine Bestimmung. (z.B. Silbernitrat für Chlorid Bestimmung) Aber
dazu mehr in den einzelnen Kapiteln.

Gesundheit Teststreifen

Blutzuckermessungen mit einem Tropfen Blut, einem Teststreifen und einem
Auswertegerät ist ein bekanntes Verfahren für Diabetiker. Sowohl Mediziner als
auch Laien verwenden noch einige andere Teststreifen die hauptsächlich im Urin,
angewendet werden. Leukozyten (rote Blutkörperchen), Zucker oder auch Drogen,
werden im Urin schnell und sicher nachgewiesen.
Mehr dazu im Kapitel Gesundheit und Medizin.

Fazit

Alle Tests haben gemeinsam, dass sie nur qualitativ oder halbquantitative
Aussagen ermöglichen. Für eine genauere Bestimmung braucht es eine
Laborausrüstung und Messgeräte.
Auch der Schwangerschaftstest gehört in diese Gruppe der qualitativen
Messungen. Die Aussage schwanger oder nicht reicht hier vollkommen aus.

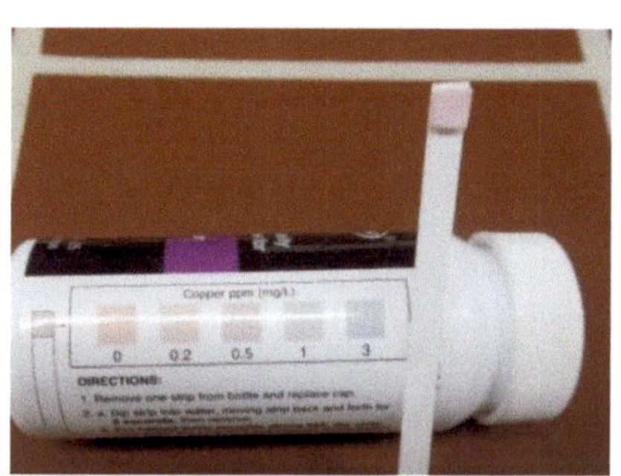

Kupfernachweis bis 3mg/l

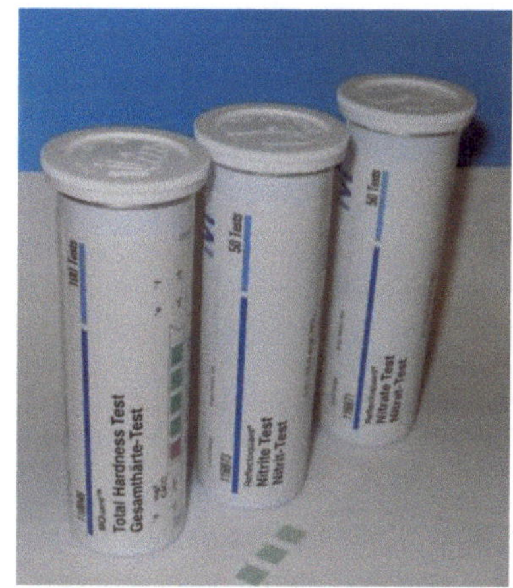

Gesamthärte /Nitrat /Nitrit Test

pH Bestimmung
von Flüssigkeiten
Streifen eintauchen und mit der
Farbskala vergleichen

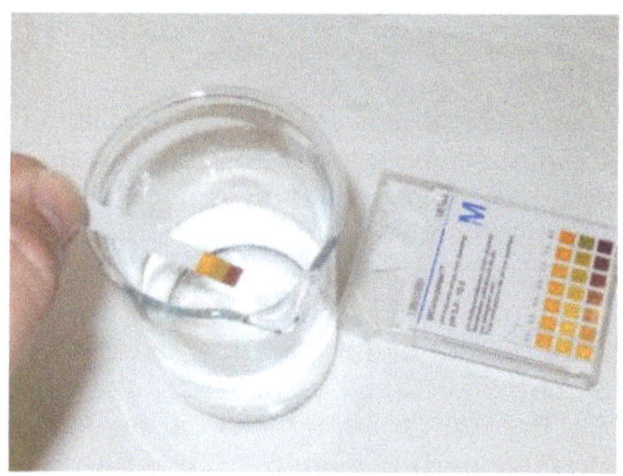

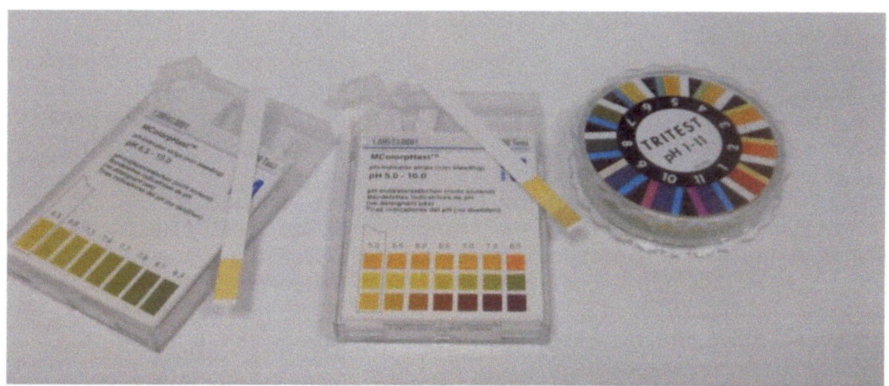

Um die **Messgenauigkeit** zu erhöhen werden für verschieden pH Bereiche
unterschiedliche Teststreifen angeboten.

SEHEN, FÜHLEN, RIECHEN

Das Beste, und auch immer verfügbare Analysegerät sind wir selbst. Mit unseren
ganzen Sinnen ein Material erfassen, erfühlen, riechen, schmecken und mit den
Augen Unterschiede von Farben erfassen gibt eine Fülle an Informationen.
Sensorik ist ein eigenes Unterrichtsfach in den Weinbauschulen und wer einem
Weinkenner bei seiner „Analyse" zusieht kann erahnen, dass diese Information
niemals durch ein Analysegerät ersetzt werden kann.

Sehen
Farben sagen viel über den Zustand eines sich verändernden Systems aus.
Farbreaktion sind in der Chemie ein wichtiges Unterscheidungsmerkmal. Auch die
Intensität einer Farbe sagt viel über den Gehalt des Inhaltstoffes oder seine
Verdünnung aus.
Farbe messen heißt vergleichen mit Farbtafeln. Auch Apps werden für diese
Aufgabe angeboten um die genau Mischung der Farbpunkte am Bild oder Foto zu
bestimmen.

Fühlen
Wie fühlt sich ein Material an? Wer hat nicht schon Kunststoffblumen angefasst
um sofort festzustellen, dass sich echte Blumen anders anfühlen. Metalle sind
kalt, Styropor warm, Holz rau uvm. Selbst bei den Sicherheitsmerkmalen der
Geldscheine setzen wir unseren Tastsinn ein.

Riechen
Studien zufolge soll der Mensch 1 Billion Gerüche unterscheiden können. Rund
350 chemische Rezeptoren sprechen auf Duftmoleküle an. Aus all diesen
Kombinationen entstehen Geruchsmischungen. Der Mensch braucht seinen
Geruchsinn um Riech- und Duftstoffe wahr zu nehmen, die einerseits Nahrung
identifizieren und andererseits vor Verdorbenem warnen (Buttersäure, 2-
Methylisoborneol in faulem Wasser). Schließlich sind Sexualduftstoffe und
Stallgeruch für unser Sozialverhalten unverzichtbar.
Wir nehmen viele Gerüche wahr, aber wir können nicht alle benennen.
Eine Liste der Grundgerüche wurde von John E. Amoore erstellt und kann als
erste Orientierung dienen.

Grundgerüche sind:
Campher ähnlich, moschusartig, blumenduftartig, mentholartig, ätherisch, beißend
und faulig
Ein anderer Ansatz von 1915 ist das Geruchsprisma von Hennings, dieses geht
von Grundgerüchen aus die sich durch Mischen alle anderen Gerüche ergeben.
Blumig/ fruchtig/ harzig/ würzig/ faulig/ brenzlig
Genauer wird auf diese Thema im Kapitel Lebensmittel eingegangen. Dort wird
bei Bier, Wein, Kakao, mit Aromarädern gearbeitet die eine echte Hilfe darstellen.
Sensorik ist immer eine subjektive Angelegenheit und Gerüche können nur von
mehreren Personen, einigermaßen objektiv, beurteilt werden.

*Wichtig dabei ist, eine genaue Beschreibung der Eindrücke, um sie mit
späteren Ergebnissen vergleichen zu können.*

Gerüche und Chemie		
Geruch	*Chemiesubstanz*	*Vergleich Alltag*
ranzig/käsig	Buttersäure	ranziger Butter
fettig	2-Nonenal	Fette, Öle
malzig	3-Methylbutanal	Brot
röstig	2-Acetyl-1-pyrrolin	Popcorn
rauchig	2-Methoxyphenol	Speck
karamell	Hydroxydimethylfuranon	Karamell
marzipanartig	Benzaldehyd	Marzipan
fruchtig, apfelartig	Ethylpentanoat	Apfel
citrusartig	Limonen	Zitronenschale
essigartig	Essigsäure	Essig
harzig	a-Pinen	frisches Nadelholz
spanplattenartig	Formaldehyd	Spanplatte
erdig	2-Ethyl-3,5-dimethylpyrazin	Erde
fischig	Trimethylamin	feuchte Glaswolle
pilzartig	1-Octen-3-ol	Champignon
schimmelig	Geosmin	feuchter Keller
urinartig	Ammoniak	Stallgeruch
fäkalienartig	Dimethylsulfid	Fäkalien
schweißig	Isovaleriansäure	Schweiß
wachsartig	Paraffin	Kerze
kunststoffartig	1-Hexen-3-on	Kunststoff
chlorartig	Chlor	Schwimmbad
heizölartig	längerkettige Alkane	Diesel
brandgeruch	Schwefel-Stickstoff Verb.	Rauch
lösungsmittelartig	Aceton, Ethylacetat	Nagellackentferner

Information ist auch bei einer chemischen Beurteilung wichtig. Von Erfahrungsberichten über Analysenmethoden, zwischen Panikmache und Information, ist es oft ein schmaler Grat.

Periodensystem
Grundlage der Chemie. Elemente nach Anzahl der Protonen geordnet und jedes Element hat sein eigenes Molekulargewicht das zu chemischen Berechnungen notwendig ist.

Barcodereader
Als App ein Hit. Den Barcode einlesen und schon ist man bei der Homepage des Herstellers.

E Nummern
App für E Nummer verrät die genaue Bezeichnung und oder Gefährdung die sich hinter einem Lebensmittelzusatz verbirgt.

Lebensmittelkontrolle
Wo kommt mein Fleisch her? Wo kommt mein Ei her? Eine Vielzahl an Suchmaschinen finden sich im Internet. Welches Gütesiegel verbirgt sich dahinter? Die Wahrheit verlangt ein gesundes Misstrauen.

Gesetzliche Bestimmungen
Welche gesetzlichen Grenzwerte sind vorgegeben. Wie lauten die letzten Ergebnisse von der Trinkwasseranalyse? Vertrauen ist gut...

Gesundheitsdaten Blutwerte richtig deuten
Wie sind die Blutanalysewert richtig zu deuten? Fragen sie Arzt oder Apotheker.

Erste Hilfe
Apps für Notfälle gibt es genug, im Ernstfall sollt man aber über das Grundwissen ohne App verfügen.

Messgeräte Apps
Apps für Stromverbrauch, Farbmessung vergleichen oder Schallmessungen durchführen werden im Internet angeboten. Sogar gratis aber oft auch umsonst.

Messmethoden
Info über „Was kann wie analysiert werden" muss natürlich nach Aufwand und Möglichkeiten abgeschätzt werden. Jedenfalls gibt es genug Anbieter von Analysen, die je nach Preis, Teil bis Vollanalysen durchführen. Für den Privatgebrauch sind sie meist zu aufwendig bzw. zu teuer.

Anbieter von Analysegeräten und Zubehör
Hier sind die Internetanbieter eindeutig im Vorteil da man schwierig Drogerien findet, die auch Grundchemikalien oder Teststreifen anbieten.

Info aus www. und Apps.

Wichtig!
Unterscheiden sie zwischen
Werbung und Information.

App	Kurzbeschreibung
Farbbestimmung Color App, Castell	In Zusammenhang mit der Kamera vom Smartphone wird eine Farbe bestimmt und als RGB Nummer oder als Bezeichnung ausgegeben.
Barcode Scanner	Jeder Barcode liefert weitere Info
E Nummern	Lebensmittelzusatzstoffe gut sortiert
Einheiten Umrechnen	°C in °F oder Inch in cm uvm.
Gesundheits Health Calculator	Auf einen Blick Werte wie BMI oder Laborwerte beurteilen
Holz bestimmen	Schreiner Dratzburg bietet Hilfe
Metalldetektor	Misst in Tesla magnetische Belastungen
Periodensystem Merck PTE	Liefert auch viele Daten zu den einzelnen Elementen.
Poolpflege	App für Fragen um die Swimmingpool Chemie
Schallmessung	Für eine erste Einstufung der dB liefern diese Apps Richtwerte
Smart geology Mineral Guide	Mineralien erkennen mit Bildern

Kleine Auswahl von Apps die nützlich sein können

FORMELN UND EINHEITEN

Chemische Formeln sind in diesem Buch obwohl es um Chemie geht möglichst vermieden worden. Oft werden aber solche Formeln bei Produktbezeichnungen verwendet und daher hier eine kleine Formelkunde.

Alle chemischen Substanzen sind eine Zusammensetzung von Atomen. Alle Atome sind nach Protonenanzahl im Periodensystem aufgelistet. Verantwortlich für die verschiedenen Bindungen sind jedoch die Elektronen die in der Atomhülle sind.

Bindungsmodelle:

Ionenbindung:

Zwischen einem Metall und einem Nichtmetall ist ein hoher Elektronegativitätsunterschied daher ziehen sich beide an. Die Formeln dazu enthalten ein Ladungszeichen und sind auf jeder Mineralwasserflasche angeführt. Eigenschaften solcher Verbindungen sind spröde und gut wasserlöslich.

K^+, Na^+, Mg^{2+}, sind Metalle und werden auch als Kationen bezeichnet.

Cl^-, $CO3^-$, $NO3^-$ sind Nichtmetalle und werden als Anionen bezeichnet.

Als Verbindungen $NaCl$ (Kochsalz), $CaCO3$ (Kalk) usw.

Atombindung

Zwischen Nichtmetallverbindung kommt es zur gemeinsamen Nutzung der Elektronen. Dadurch entsteht ein stabiles Molekül. Dies ist auch der Grund warum in der Natur nur Edelgase als Atome vorkommen. Wasserstoff $H2$, Stickstoff $N2$, oder Wasser $H2O$ sind solche Verbindungen von Nichtmetallen.

Metallbindung

Metallatome stellen nach diesem Modell alle äußeren Elektronen in einem gemeinsamen „Elektronengas" zur Verfügung. Dadurch entsteht ein gemeinsames Metallgitter. Dies erklärt die gute Leitfähigkeit der Metalle für Strom und Wärme. Die Festigkeit erklärt sich aus der kubischen Gitterstruktur, die Metall und Metalllegierungen einnehmen.

Wichtige Formeln und ihre Bezeichnungen:

Elemente:

H = Wasserstoff	B = Bor	C = Kohlenstoff	N = Stickstoff
O = Sauerstoff	Na = Natrium	Mg = Magnesium	Al = Aluminium
Si = Silizium	P =Phosphor	S = Schwefel	Cl = Chlor
K = Kalium	Ca= Calcium	Pb = Blei	Fe = Eisen

Häufige Abkürzungen

H2O = Wasser	NH3 = Ammoniak	NO3 = Nitrat	NO2 = Nitrit
SO2=Schwefeldioxid	CO2=Kohlendioxid	CO=Kohlenmonoxid	CH4 = Methan
NaCO3= Soda	CaSO4= Gips	CaCO3=Kalk	NaCl = Kochsalz

Säuren:

HCl = Salzsäure	HNO3 = Salpetersäure
H2SO4 = Schwefelsäure	H2CO3 = Kohlensäure

Laugen:

NaOH = Natronlauge	KOH = Kalilauge
CaO = Calciumoxid	Ca(OH)2 Calciumhydroxid

Name	Symbol	Ordnungszahl	Masse	Name	Symbol	Ordnungszahl	Masse
Aluminium	Al	13	26,98	Nickel	Ni	28	58,69
Antimon	Sb	51	121,75	Palladium	Pd	46	106,42
Argon	Ar	18	39,95	Phosphor	P	15	30,97
Arsen	As	33	74,92	Platin	Pt	78	195,08
Barium	Ba	56	137,33	Plutonium	Pu	94	244,06
Blei	Pub	82	207,20	Quecksilber	Hg	80	200,59
Bor	B	5	10,81	Radium	Ra	88	226,03
Brom	Br	35	79,90	Radon	Rn	86	222,02
Cadmium	Cd	48	112,41	Rhodium	Rh	45	102,91
Calcium	Ca	20	40,08	Sauerstoff	O	8	16,00
Cäsium	Cs	55	132,91	Schwefel	S	16	32,07
Chlor	Cl	17	35,45	Selen	Se	34	78,96
Chrom	Cr	24	52,00	Silber	Ag	47	107,87
Eisen	Fe	26	55,85	Silizium	Si	14	28,09
Fluor	F	9	19,00	Stickstoff	N	7	14,01
Gold	Au	79	196,97	Strontium	Sr	38	87,62
Helium	He	2	4,00	Tellur	Te	52	127,60
Iod	I	53	126,90	Thallium	Tl	81	204,38
Iridium	Ir	77	192,22	Thorium	Th	90	232,04
Kalium	K	19	39,10	Titan	Ti	22	47,88
Kobalt	Co	27	58,93	Uran	U	92	238,03
Kohlenstoff	C	6	12,01	Vanadium	V	23	50,94
Kupfer	Cu	29	63,55	Wasserstoff	H	1	1,01
Lithium	Li	3	6,94	Wismut	Bi	83	208,98
Magnesium	Mg	12	24,31	Wolfram	W	74	183,85
Mangan	Mn	25	54,94	Xenon	Xe	54	131,29
Molybdän	Mo	42	95,94	Zink	Zn	30	65,39
Natrium	Na	11	22,99	Zinn	Sn	50	118,71
Neon	Ne	10	20,18	Zirkonium	Zr	40	91,22

MIKRO UND MILLI

Bei Analysen werden Werte ermittelt und diese Werte haben verschieden Größen.
Sich solche Konzentrationen vorstellen zu können, ist nicht nur für den Laien,
schwierig. Hier einige Beispiele.

Einheit	Kurz zeichen	Beschreibung
Kubikmeter	m³	Ein Volumen oder Raummaß. Ein Würfel mit 1Meter Seitenlänge. Kann 1000 Liter oder bei 4°C 1000 kg Wasser aufnehmen.
Milliliter	ml	Ist das Volumen das in einem cm³ Raum passt. Würfel mit 1 cm Kantenlänge. 1 Liter hat 1000ml. 1ml passt 1 000 000 mal in 1m³. Bei Wasser entspricht 1 ml einem Gramm bei 4°C.
Gramm / Liter	g/l	Entspricht ein Zuckerwürfel in ca. 3,0 Liter Wasser aufgelöst
Milligramm / Liter	mg/l	1g hat 1000mg. Ein Zuckerstück in 3000 Liter eines kleinen Tankfahrzeugs. z.B. Milchwagen.
Mikrogramm / Liter	µg/l	1mg hat 1000µg. Entspricht einem Zuckerstück in einem Schwimmbad 50m x 30m und 2Meter tief.
Part per million	ppm	Teile pro Million. Entspricht auch mg/ Liter
Mol /Liter	Mol/l	Jedes Atom hat ein Atomgewicht. Ein Mol eines Moleküls entspricht der Summe der Atomgewichte in Gramm. Eine 1molare HCl enthält 36,46g HCl im Liter. Wasserstoff hat 1,01 und Chlor hat 35,45 als Atomgewicht.
Kilowatt/PS	kWh, PS	Leistung bei elektrische Energie und Autos wird in kWh gemessen. Früher auch PS bei Autos. 1 PS = 0,7355 kWh und 1kWh = 1,3596 PS
Volumprozent	Vol. %	1ml in 99ml entspricht einem Vol%. Kann durch verschieden Dichten ein anderes Ergebnis sein als Gewichtsprozent.
Gewichtsprozent	Gew. %	1g in 99g einer Substanz ist ein Gew.%
Temperatur	°C,°K,	°Celsius ist geläufig, °Kelvin ist die gleiche Skala aber der 0 Punkt liegt bei -273°K. 0°C sind daher 273 °K und 100°C sind 373°K. Ist manchmal für Berechnungen notwendig .
Druckeinheiten	Bar, P, m P	Der Luftdruck wird in mbar oder mPascal angegeben. Drücke in Stahlflaschen sind meist in Bar. 200bar auf einer Stahlflasche heißt ca, 200mal den Luftdruck. Will man die Menge an Gas wissen muss man das Volumen der Stahlflasche mit den Druck in bar multiplizieren.
Deutsche Härte	°dH	Die Wasserhärte wird in °dH angegeben und wird bezogen auf 17,6mg CaCO3/Liter =1°dH.
Tropfen	Tropfen	Ein Tropfen hat ca. 0,2ml das sind bei Wasser ca.200mg
Mikrometer	µm	Ein Millimeter hat 1000µm. Bakterien haben Größen von 15µm

26

Bezeichnungen von Größen					
Kürzel	**Bez.**	**Hochzahl**		**m/km**	**Beispiel**
T	Tera	10^{12}	Billion	1 Milliarde km	Weg des Lichtes/ Stunde
G	Giga	10^{9}	Milliarde	1 Millon km	25 mal um die Erde
M	Mega	10^{6}	Million	1000 km	Wien Paris
k	Kilo	10^{3}	Tausend	1000 Meter	Berg
h	Hekto	10^{2}	Hundert	100 Meter	Sendeturm
da	Deka	10^{1}	Zehn	10 Meter	Haus
		10^{0}	Eins	1 Meter	Kind
d	Dezi	10^{-1}	Zehntel	1 dm	Eichhörnchen
c	Zenti	10^{-2}	Hundertstel	1 cm	Käfer
m	Milli	10^{-3}	Tausendstel	1 mm	Ameise
μ	Mikro	10^{-6}	Millionstel	1 μm	Bakterien, Viren
n	Nano	10^{-9}	Milliardstel	1 nm	10 Atomradien

In der lebendigen Natur geschieht nichts, was nicht in der Verbindung mit dem
Ganzen steht.
Johann Wolfgang von Goethe (1749-1832)

2 Unsere Umwelt

Alles zum Thema Wasser für Mensch und Tier, die richtige Bewertung von landwirtschaftlich genutzten Böden, sowie saubere Luft und Belastungen durch Lärm und Elektrosmog, werden in diesem Kapitel beleuchtet.

WASSER

Wasser Allgemein

Wasser ist die Grundlage alles Lebens auf der Erde. Zwei Drittel der Erdoberfläche sind zwar von Wasser bedeckt aber dabei handelt es sich um Salzwasser mit einem Natriumchloridgehalt von 2,7% (NaCl) Als Trinkwasser ist nur ein sehr kleiner Anteil mit einem Salzgehalt von 0,02% geeignet und davon ist der größte Teil derzeit, an den Polkappen, als Eis gebunden.

Der Mensch selbst besteht zu 50-70% aus Wasser. Er braucht täglich ca. 120 Liter zum Trinken, Kochen und um seinen Körper und seine Wäsche zu waschen.

Die verschiedenen Arten von Wasser, die wir kennen, zeigen wie Komplex der Einfluss, auf uns und unsere Umwelt durch Wassereigenschaften ist.

Destilliertes Wasser, Trinkwasser, Oberflächenwasser, Grundwasser, Meerwasser, Regenwasser, Süßwasser, Schwimmbadwasser, Abwasser, Kühlwasser, Brauchwasser um nur einige anzuführen. Vor allem die Frage, ist mein Trinkwasser genießbar, sollte hier in den Vordergrund rücken und durch Analysen und Schnelltests abgesichert werden.

Gesetzliche Grundlagen

Dem Umstand das Wasser für alle Lebewesen lebenswichtig ist, wird mit der EU Trinkwasserrichtlinie Rechnung getragen, die von den einzelnen Nationalstaaten umgesetzt wird. Ziel ist es, dass Trinkwasser in einem Zustand sein muss, das keine Gefahr für die Gesundheit eines Menschen entsteht. Insbesondere sind Grenzwerte für toxische oder biologische Verunreinigungen einzuhalten.

Jede Überschreitung deutet auf eine Ursache, hin die zu überprüfen ist.

Jeder Anbieter von Trinkwasser muss sein Trinkwasser regelmäßig kontrollieren und die Untersuchungsergebnisse veröffentlichen. Diese Werte können gut als Vergleichswerte für eigenen chemische Analysen herangezogen werden.

Physikalische und Chemische Eigenschaften:

Destilliertes Wasser ist eine farb- und geruchlose Flüssigkeit mit einem Siedepunkt von 100°C (bei Normaldruck) und einem Gefrierpunkt von 0°C. Eine Besonderheit zu anderen ähnlichen Flüssigkeit ist die Anomalie des Wassers. Wasser hat nicht bei seinem Gefrierpunkt von 0°C die höchste Dichte, sondern bei 4°C. Das hat zur Folge das Wasser an der Oberfläche gefriert.

Der Brechungsindex des sichtbaren Lichts liegt bei 1,33. Dieser ist auch verantwortlich für die optische Täuschung wenn man einen Stab ins Wasser hält und er scheinbar gebrochen wird.

In der Natur kommt Wasser praktisch nie als Reinstoff vor sondern mit gelösten Inhaltsstoffen. Wasser ist ein polarer Stoff und löst hervorragend polare Stoffe wie Salze.

Trinkwasser

Welche Parameter sind für die Entscheidung «Kann ich mein Wasser trinken» wichtig? Aussehen, Geruch, Bakterien und andere Analysenwerte.

Sensorik

Die ersten Werte erhält man durch seine Sinnen. Ist das Wasser klar und farblos? Ist das Wasser geruchs- und geschmackslos? Auch die Temperatur ist ein wichtiges erstes Kriterium ob es sich um brauchbares, frisches Trinkwasser handelt, da sich in warmen Wasser Bakterien schneller vermehren können. Fühlt sich das Wasser weich oder hart an, lässt eine Schluss auf die Härte des Wassers zu.

Auch das Filtrieren eines Liter Wasser und die Beurteilung des Rückstands kann Auskunft über den Zustand von Wasser und Leitungen geben. (Rost, Schmutz)

Auszug Trinkwasser Grenzwerte	
Anlage 2 zu § 6 Abs. 2 TrinkwV 2001 /Nov 2011	
pH Wert	6,5-9,5
Nitrat	50mg/Liter
Nitrit	0,5mg/Liter
Ammonium	0,5mg/Liter
Blei	0,01mg/Liter
Kupfer	2mg/Liter
Eisen	0,2mg/Liter
Pestizide	0,1mg/Liter
Eschericha coli	keine
Chrom	0,05mg/Liter
Pflanzenschutzmittel	0,0005mg/Liter
Quecksilber	0,001mg/Liter
Selen	0,01mg/Liter
Trichlorethen	0,01mg/Liter
Arsen	0,01mg/Liter
Cadmium	0,003mg/Liter
PAK	0,0001mg/Liter
Chlorid	250mg/Liter
Natrium	200mg/Liter
Leitfähigkeit	2790µSiemens

Ein Auszug der Grenzwerte aus der EU Trinkwasserverordnung

WASSERANALYSE I

Die wichtigsten Messwerte für die Bestimmung der Trinkwasserqualität sind pH-Wert, Nitrat, Nitrit, Blei, Kupfer, Eisen, Pestizide, Chlor und schädliche Bakterien. Alle Parameter können mittels Schnelltest bestimmt werden.

pH Wert:
Der pH Wert für Trinkwasser sollte zwischen 6,5 und 9,5 liegen.
Der pH Wert gibt an ob das Wasser sauer oder alkalisch ist. Faustregel pH unter 7 ist meistens ein weiches Wasser, pH über 7 ist meistens hartes Wasser. Das heißt Wasser mit viel gelösten Salzen. Die einfachste Art den pH zu bestimmen sind Teststreifen die, je nach Verfärbung, den pH Wert anzeigen. Bei öfteren Messungen, wie bei Aquaristik oder Schwimmbadpflege, ist ein pH-Meter Kauf sinnvoll.

Nitrat, Nitrit NOx
Grenzwert Nitrat 50mg/Liter und Nitrit 0,5mg/Liter
10-15mg/Liter Nitrat sind als natürlicher Normalwert anzusehen.
Nitrat kommt durch den Pflanzenkreislauf, Überdüngung, Gülledüngung, alte Kläranlagen und Industrieabgase, die mit dem Regen wieder in den Boden gelangen, ins Grundwasser.
Gesundheitlich ist Nitrat im Trinkwasser nicht sonderlich gefährlich da wir durch Gemüse und Salat wesentlich größere Mengen zu uns nehmen.
Anders ist das bei den Nitrit Werten. Hohe Nitrit Werte weisen auf hohe Bakterienbelastung hin. Außerdem können Nitrite, Nitrosamine bilden und diese sind vor allem für Säuglinge sehr gefährlich.
Nitrat und Nitrit wird mit Teststreifen bestimmt die durch Farbumschlag die Größenordnung anzeigen.

Blei
Grenzwert 0,01mg/Liter
Blei wirkt schon in geringen Mengen als Gift und reichert sich im Körper an. Bleirohre in alten Häusern oder Blei aus der Umwelt (früher Benzin) sind Ursachen für Blei im Trinkwasser. ***Bleibestimmung:*** Durch Teststreifen

Kupfer
Grenzwert 2mg/Liter
Kommt aus Kupferrohren der Hausinstallation.
Kupfer ist für den menschlichen Körper zum Aufbau von verschieden Enzymen notwendig. Der Mindestbedarf liegt zwischen 0,02-0,04mg/kg Körpergewicht.(~3mg pro Erwachsenen) Höhere Kupfergaben können Durchfall erzeugen. Achtung auch bei Säuglingen die Kupfer in der Leber speichern können. ***Kupferbestimmung:*** Durch Teststreifen

Eisen
Grenzwert 0,2mg/Liter
Ist wie Kupfer ein wichtiges Spurenelement und ist im Trinkwasser sogar erwünscht.
Allerdings machen sich ein Gehalt von mehr als 0,2mg/Liter als unangenehmer metallischer Geschmack bemerkbar.
Eisenbestimmung: Durch Teststreifen

32

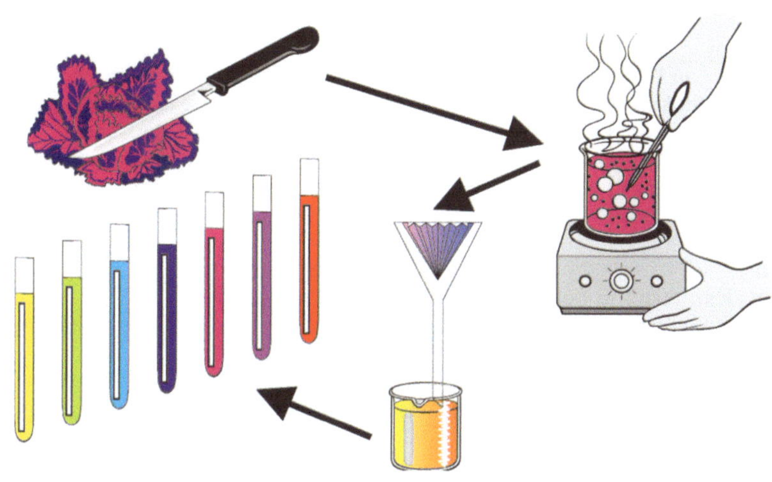

pH Wert bestimmen mit Rotkrautindikator

Kraut kochen, abfiltrieren und mit verschiedenen sauren und basischen
Lebensmitteln vergleichen

Farben des Rotkrautsafts nach pH Werten in RGB Code geordnet				
pH	R	G	B	
11,5	255	238	119	
11	221	238	119	
9,6	17	170	119	
7	34	102	119	
6	119	85	187	
4,4	170	85	187	
2,8	221	85	119	
0,4	216	0	0	

Farben bestimmen über www.farbtabelle.at /Code dann umwandeln in RGB, so
wird eine Farbe zu einer vergleichbaren Größe unabhängig von verschiedenen
Beobachtern.

WASSERANALYSE II

Pestizide
Grenzwerte: 0,0001mg/Liter (0,1µg)

Unter Pestizide versteht man alle zur Vernichtung von Schadorganismen
eingesetzte Mittel in der Landwirtschaft. Dazu gehören Insektizide, Herbizide
gegen Unkräuter, Fungizide gegen Pilzerkrankungen, Akarizide gegen Milben,
Nematizide gegen Fadenwürmer und Moulluskizide gegen Schnecken.
Die extreme Giftigkeit der Pestizide ergibt sich aus ihrem Verwendungszweck
«Schädlinge bekämpfen». Ackergifte haben einfach nichts im Trinkwasser
verloren.
Pestizidbestimmung: Messstreifen mit Farbumschlag. Genauere Werte kann nur
ein Speziallabor liefern.

Bakterien
Grenzwert: Escherichia coli dürfen nicht nachweisbar sein.

Trinkwasser muss frei sein von Krankheitserreger, lautet der logische Paragraph
in der Trinkwasserverordnung. Da Keime fast immer durch Fäkalien ins
Trinkwasser gelangen, sucht man bei der Wasseranalyse nach sogenannten
Zeigebakterien. Ein solcher Indikatorkeim ist die Bakterienart Escherichia coli.
 E. coli führt beim Menschen zu Durchfall und hat im Trinkwasser nichts verloren.
Bakteriennachweis: Bakterien sind oft durch Geruch, Geschmack und Aussehen
erkennbar. Für den Hausgebrauch wird ein Färbetest angeboten. Der Test dauert
allerdings 48 Stunden und muss bei 32 °C gelagert werden. Das halten einer
solchen gleichmäßigen Temperatur (27-35°C) ist im Haushalt beim
Warmwasserbehälter möglich. Ein positives Ergebnis auf E.coli Bakterien zeigt
sich durch eine Verfärbung der Lösung an.
Andere Tests mit Agar Nährböden oder Slides brauchen einen Brutschrank und
scheiden für den Hausgebrauch aus.
Fazit
Ist das Wasser als Trinkwasser brauchbar wird in erster Linie vom Aussehen,
Geruch und Bakterien abhängen.

Desinfektionsmaßnahmen:
Um Wasser für den Notfall trinkbar zu machen werden für Reisen folgende
Maßnahmen empfohlen.
Trübes Wasser filtrieren. Filtergeräte die 0,2µ-0,4µ Teilchen herausfiltern werden
im Handel angeboten. Diese entfernen auch Bakterien. Bei anderen Filtern ist eine
Desinfektion notwendig.
Wasser 1 Minute abkochen. Bei Höhen über 2000m drei Minuten, da durch den
geringeren Luftdruck die Siedetemperatur von Wasser erniedrigt ist.
Durch das Abkochen wird das Wasser sehr fad im Geschmack. Dies lässt sich
durch Zugabe einer Prise Salz verbessern.
Chemische Desinfektion durch Jod
6-10 Tropfen einer 2% Jodtinktur in 1/4Liter Wasser geben und 30 Minuten
warten. Jodgeruch durch Zugabe von Ascorbinsäure mildern. (Tetraglycin-
Hydroperjodid = Portable Agra)
Chlorpräparate Bei Wässern mit einem pH unter 7 kann mit Natriumhypochlorid
keimfrei gemacht werden.
Ausreichender Schutz ist gewährleistet wenn Chlorgeruch deutlich wahrnehmbar
ist. Der Chlorgeruch kann anschließend mit Natriumthiosulfat gemildert werden.
(Micropur Forte –Einwirkzeit 15-30 Minuten – Chlor und Silberionen) Silber Ionen
schützen das Wasser bis zu 6 Monate vor Wieder - Verkeimung.

Bakterien und Pilz Test Firma Merck

Die Agar Kulturen werden für 5 Sekunden in Wasser eingetaucht und dann bei 27-29°C In einem Brutschrank für 2-4 Tage bebrütet. Bakterien und Pilze wachsen als punktförmige Kulturen und können so ausgezählt werden.

Verschieden pH Werte	
Batteriesäure	1
Magensäure	1,5
Zitronensaft	2,4
Essig	2,5
Apfelsaft	3,5
Wein	4,5
Kaffee	5
Haut	5,5
Regen	5,6
Mineralwasser	6
Milch	6,5
Speichel	7
Blut	7,4
Meerwasser	8
Seife	9,5
Ammoniak	11,5
Beton	12,6
Natronlauge	14

AQUARISTIK

Anders als beim Trinkwasser wird in der Aquaristik ein ökologisches Gleichgewicht angestrebt. Wichtige biologische Kreisläufe sollen gesunde Fische und Wasserpflanzen absichern. Die aussagekräftigsten Werte im Wasser des Aquariums sind pH Wert, Gesamthärte, Karbonathärte, Nitrat, Nitrit, Ammoniumwert und Phosphatwert.

pH Wert

Der pH Wert entsteht hauptsächlich durch das Zusammenspiel von Karbonathärte und Kohlendioxid. Karbonathärte wirkt pH erhöhend und CO_2 pH senkend. Süßwasserfische und Pflanzen brauchen einen pH Wert von 6-8 zum Überleben. pH7 ist ideal. Meerwasseraquarien sind zwischen 8,2 und 8,4 ideal eingestellt. Jeder Abbau von Nitrat und Ammonium im Stickstoffkreislauf ist vom pH abhängig. Bei pH Werten unter 7, entsteht der für Fische giftige Ammoniak aus den harmlosen Ammoniumverbindungen. Gemessen wird der pH mit pH Meter, Teststreifen oder Farbreaktionen.

Die Wasserhärte

Ob es sich bei einem Wasser um ein hartes oder weiches Wasser handelt entscheidet die Wasserhärte.

Wasserhärte ist einerseits die Gesamthärte die alle Kalzium und Magnesium Ionen erfasst und andererseits die Karbonathärte die alle als Karbonat vorliegenden Kalzium und Magnesium Ionen erfasst.

Gemessen wird die Wasserhärte in Deutschen Härtegraden. 1°dH entspricht 17,8mg $CaCO_3$/Liter.

Da die Karbonathärte als Säurebindungskapazität betrachtet wird und dafür sorgt das ein stabiler pH Wert im Aquarium erhalten bleibt, ist ein Karbonathärte-Wert von 5-15°dH und ein Gesamthärte-Wert von 20°dH gut.

Gemessen wird mit Teststreifen oder Farbreaktionsvergleich.

Stickstoffkreislauf

Fische, Futterreste und abgestorbene Pflanzen produzieren Ammonium (NH4). Dieses wird im Filter durch nützliche Bakterien über Nitrit zu Nitrat umgewandelt. Es dauert ungefähr 2-3 Wochen bis sich diese Bakterien am Grund und im Filter angesammelt haben. Dazu kann man ins Aquarium, bei der ersten Befüllung, einige wenige „robuste" Fische geben, damit die Bakterien auch Nahrung haben. Das Nitrat wird teilweise von den Pflanzen als Dünger verbraucht, steigt aber mit der Zeit an. Bei einem Wert von 200mg/Liter ist ein Teilwasserwechsel wichtig um den Wert wieder zu senken.

Gemessen werden die Werte NH4, NO3, NO2 mit Farbreaktion oder Teststreifen.

Phosphor und Algenwachstum

Durch Überfütterung kann der Phosphatgehalt schnell ansteigen. Dies begünstigt das Algenwachstum das in jedem Aquarium unerwünscht ist. Grobe Richtlinie dazu bietet das Redfield Verhältnis das besagt das Phosphat und Nitrat im Verhältnis 1:23 vorliegen muss, damit kein unerwünschtes Algenwachstum entsteht. Ein guter Bereich liegt zwischen 15 bis 30 mal mehr Nitrat als Phosphat.

Gemessen wird der Phosphatgehalt mit Teststreifen oder Farbreaktion.

Sauerstoff und Kohlendioxid

Die Umwälzung des Wassers sollte an der Oberfläche stattfinden. Dadurch kommt viel Luftsauerstoff ins Wasser und wenig CO_2 wird daraus ausgetrieben.

Stickstoffkreislauf

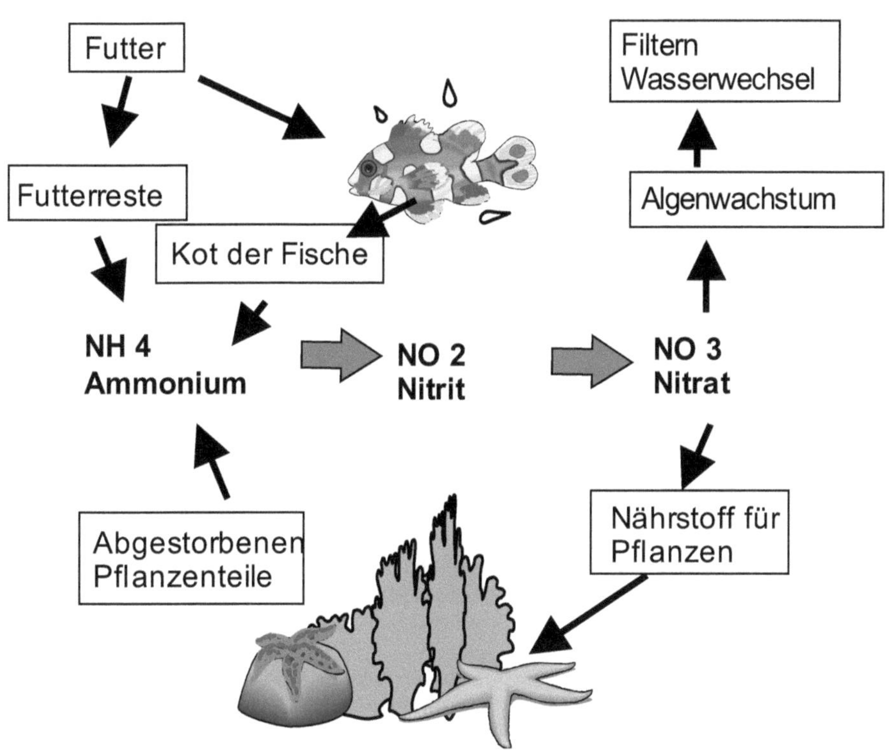

Zusammenhänge im Aquarium bestimmen die Wasserqualität

POOLCHEMIE

Ebenfalls um Wasser geht es beim Betrieb eines Swimingpools. Hier ist aber im Vordergrund das klare, saubere Wasser, das möglichst lange zur Abkühlung an heißen Sommertagen genützt werden kann. Themen sind physikalische Reinigung mit Schrubber und Filterpumpen sowie die chemische Anpassung des pH, des Chlorgehalts und im Notfall der Einsatz von Flockungsmittel und Algiciden.

Aufstellen und füllen des Pools.
Gründliche Reinigung der Beckenwände und frische Filterkartuschen oder Sand in den Filtern, sind Voraussetzung für sauberes Wasser. Wichtig ist das Volumen des Pools zu kennen um die Zugaben an Chemie genau berechnen zu können.

pH Wert
Der richtige pH Wert liegt zwischen 7,2 und 7,6. Um den pH Wert zu erhöhen oder zu erniedrigen, gibt es pH-plus und pH-minus Präparate im Fachhandel.
Als Hausmittel kann zur pH Erhöhung auch Schwefelsäure ca. 40%ig eingesetzt werden.
Zur pH Erniedrigung ist Soda (Natriumkarbonat) ein Mittel der Wahl.
Messung des pH-Werts: Mit pH Meter oder Teststreifen.

Hygienisches Wasser
Um ein gesundheitlich unbedenkliches Medium zu schaffen, werden in Schwimmbädern Chlorpräparate eingesetzt. Natriumdichlorisocyanat (55% Chlor) oder Calciumhypochlorid, für Stoßchlorung werden dabei angewendet.
Dosierung: Anfangs 6g/m³ Chlor dann 1,5g/m³ halten. Ständig muss ein Gehalt an Chlor von 0,3-0,6mg/Liter gehalten werden.
Messung mit Testgerät über Farbvergleich oder Teststreifen.

Algenplage
Glitschiger Belag auf Boden und Wänden sind die Anzeichen für Algenwuchs. Als physikalischer Schutz ist eine dunkle Abdeckplane wichtig, sodass die Algen kein Sonnenlicht bekommen. Chemisch empfiehlt sich eine Stoßchlorierung oder Algicid Zugabe.
Bei der Stoßchlorierung wird zuerst der pH eingestellt und dann der Chlorgehalt auf 2,0mg/Liter erhöht. Filter ständig laufen lassen und darauf achten das der Chlorgehalt nicht unter 0,5mg/Liter absinkt.
Algicid Zugabe nach Herstellerangabe. Früher wurde dafür Kupfersulfat verwendet. Diese Mittel ist heute aber bedenklich da es als giftig eingestuft wird.
Als Hausmittel kann auch Kochsalz verwendet werden.

Flockungsmittel
Ist das Wasser trüb und das Filter kann diese Trübung nicht entfernen, dann werden Flockungsmittel eingesetzt. Der feine Schmutz sollte dadurch zusammenkleben und vom Filter erfasst werden. Dieses Mittel ist jedoch nur bei Sandfilter mit Rückspülmöglichkeit zu empfehlen. Der Kartuschen Filter verklebt dabei schnell.

Trotz Chemie ist ein Wasserwechsel alle 2-3 Jahre notwendig.

Grundregeln für Poolwasser

1. Becken nie mit Brunnenwasser füllen
2. pH ideal zwischen 7,0 -7,4
3. Chlorwert ideal zwischen 0,3-0,6mg/Liter
4. Licht und Temperatur fördern Algenbildung
5. Weiches Wasser ist besser als hartes Wasser

Berechnung des Pool Volumens in Liter ist für die Zugabe der Chemikalien wichtig!

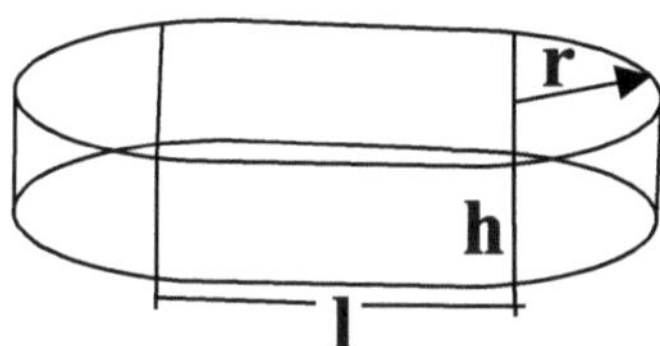

Ovales Becken
Alle Parameter werden in dm gerechnet
Radius x Radius x 3,14 x Wassertiefe + Länge x Breite x Wassertiefe = Volumen in Liter
$V= (r^2 \times 3,14 \times h) + (2r \times h \times l)$

BODENUNTERSUCHUNG

Im landwirtschaftlichen Bereich sind Bodenproben gesetzlich verpflichtend um die Düngermenge zu regulieren und um eine Auswaschung ins Grundwasser zu verhindern. Die hier angeführten Untersuchungen und Empfehlungen können nur für den privaten Bereich angewendet werden und sind nur grobe Richtwerte für den Hausgarten.

Bodenphysik und Bodenprobe

Die Bodenprobe wird bei einem Feld aus mehreren Stellen (10-20Stellen) und verschiedenen Tiefen gezogen. Als Tiefe ist die Ackertiefe bzw. die Spatentiefe zu nehmen.(ca. 30-50cm.) Alle Proben werden gut durchmischt und diese Sammelprobe wird untersucht. (ca.500g-1kg)

Bodenart

Die Bodenart ergibt sich aus den Anteilen von Sand (2,0-0,063mm), Schluff (0,063-0,002mm) und Ton (<0,002mm). Bestimmt wird die Bodenart mit der Schlemmprobe. Dabei wird in einem hohen Gefäß Erde im Verhältnis 1:10 mit Wasser 3 Minuten geschüttelt, 1-2 Tage absitzen lassen und die Schichten nach Prozenten mit dem Lineal ausgewertet.

Schwerer oder leichter Boden?

Zur Ermittlung wird der Boden gesiebt und das Schüttgewicht in einer Mensur (oder Bierglas) gemessen und gewogen, ohne die Erde zu verdichten. So erhalten wir das Gewicht des Bodens je Kubikmeter.

Wie viel Humus enthält der Boden?

Humus ist jeder organische Anteil der im Boden enthalten ist. Ermittelt wird er durch den Glühverlust. 2g luftgetrocknete Erde werden gewogen, in der rauschenden Flamme geglüht (im Abzug oder im Freien, Rauchentwicklung!) und zurückgewogen. Als Glühtiegel ist ein altes Porzellanteller oder eine Porzellantasse verwendbar. Was an Gewicht fehlt war organisch und ist verbrannt.

Bodenchemie

Neben Spurenelementen sind die wichtigsten Elemente für das optimale Pflanzenwachstum Stickstoff, Kalium, Phosphor und Magnesium.
Bereits ohne chemische Untersuchungen können erste Aussagen über Mangel oder Überschuss durch bestimmt Zeigerpflanzen gemacht werden. Diese Pflanzen gedeihen besonders gut bei bestimmten Bedingungen.

Tabelle Zeige-Pflanzen:

Bodenart	Zeigepflanze	Bodenart	Zeigepflanze
kalkreich	Adonisröschen	**feucht**	Wiesenschaumkraut
humusreicher	Ehrenpreis, Echte Kamille	**sehr feucht**	Sumpfdotterblume
stickstoffreich	Brennnessel, Melde, Franzosenkraut	**trocken**	Scharfer Mauerpfeffer, Hasenklee, Dachwurz
verdichtet, schwer	Löwenzahn, Ackerschachtelhalm, kriechender Hahnenfuß	**sandig**	Feldthymian, Heidekraut, Kiefer

Schadstoffe im Boden	
Gruppe	**Herkunft**
Säuren	Kohleverbrennung, Verkehr
Streusalz	Straßen eisfrei halten
Arsen	Kohleverbrennung, Stahl und Glasverhütung,
Blei	Stahlerzeugung, Kohlekraftwerk, alte Bleirohre
Cadmium	Müllverbrennung, chemische Industrie
Chrom	Galvanik, Holzimprägnierung, Gerberei, Katalysator
Kupfer	Pflanzenschutzmittel, Dachrinnen, Schweinefutter
Nickel	Stahlindustrie, chemische Industrie Schwerölverbrennung
Quecksilber	Krematorien
Thallium	Zementwerke, Metallverhütung
Zink	Reifenabrieb, Kohleverbrennung, Metallverhütung
Organische Schadstoffe	Altöl,Erdöl, Auto, Heizung, Raffinerien
Chlorkohlenwasserstoffe	PVC Kunststoffproduktion, Spielzeug, Kabel
Dioxin	Müllverbrennung, Verarbeitung chlorierter Kohlenwasserstoffe, Transformatoröl
Pflanzenschutzmittel	Produktion, Landwirtschaft
Radioaktivität	Kernreaktoren

Woher kommen die Schadstoffe im Ackerboden?

BODENCHEMIE NÄHRSTOFFE I

Bodenchemie Analysen
Der pH-Wert

Der pH Wert gibt an, ob es sich um einen sauren oder alkalischen Boden handelt.

Wichtig beim Boden pH ist, dass der pH über die Verfügbarkeit der anderen Pflanzennährstoffe entscheidet und das jede Pflanze ihren „Lieblings pH" hat.

Der ideale pH Bereich liegt je nach Pflanzenart zwischen 6 - 7,5.

Der Boden wird durch sauren Regen (pH 4,3) regelmäßig in den pH Bereich unter 6,0 gedrängt, dadurch wird die Auswaschung von Nährstoffen erhöht und die Bodenlebewesen nehmen ab. Landwirte entgegnen diesem Trend durch puffern mit Kalk. Hat ein Boden den pH Wert von 5 so ist für die Erhöhung auf pH 6, je nach Schwere des Bodens, ca. 2000kg Löschkalk (Kalziumoxid) pro Hektar notwendig.

Messung des pH-Werts:

10g Bodenprobe werden in 25ml Wasser 3 Minuten kräftig geschüttelt. Absitzen lassen und den pH Wert in der überstehenden Lösung mit Teststreifen oder pH Messgerät bestimmen.

Um andere Ionen herauszulösen kann dieser Test statt mit Wasser mit einer Kaliumchloridlösung wiederholt werden. (0,05molar=3,7gKCl/Liter)

Stickstoff

Stickstoff ist für den Aufbau von Aminosäuren in der Pflanze sehr wichtig. Er ist im Boden jedoch normalerweise nicht vorhanden und muss aus der Luft, erst als Nitrat oder Ammonium, verfügbar gemacht werden. Dieser Vorgang erfolgt durch Mikroorganismen und Knöllchenbakterien in Symbiose mit Pflanzen (Leguminosen). Abgestorbene Pflanzen bringen ebenfalls den Stickstoff in den Boden. Zu viel an Düngung wird ausgewaschen und gelangt so ins Grundwasser.

Messung des Nitrats:

10g getrocknete Bodenprobe in 25 ml Wasser 3 Minuten schütteln. Absitzen lassen und mit Teststreifen Nitrat bestimmen.

Wie kann der Messwert auf den Boden umgerechnet werden?

Der Messwert des Teststreifen ergibt z. B. 10mg Nitrat/Liter

1 Liter enthält also 10mg Nitrat, das heißt, meine 25ml und damit auch meine 10g Probe enthalten ein 40stel. Also 0,25mg. **1kg Boden also 100 mal so viel 25mg.**

Wie viel kg Boden hat ein ha?

Nimmt man eine Tiefe von 30 cm an die für die Pflanzen nutzbar sind berechnet sich das Bodenvolumen pro Hektar, 100m x 100m x 0,3m =3000m³. Dieser Wert ergibt mit dem Schüttgewicht von z. B. 1500kg/m³ (haben wir schon gemessen) multipliziert (kg/m³) eine Bodenmasse von 4500000kg/ha.

Bodenart feststellen durch ablesen der Ergebnisse aus
dem Boden -Aufschlemmtest in %
Sand, Schlurf und Ton im Bodendreieck.

T = Ton
t = tonig
S = Sand
s = sandig
L = Lehm
l = lehmig
U = Schlurf
u = schlurfig

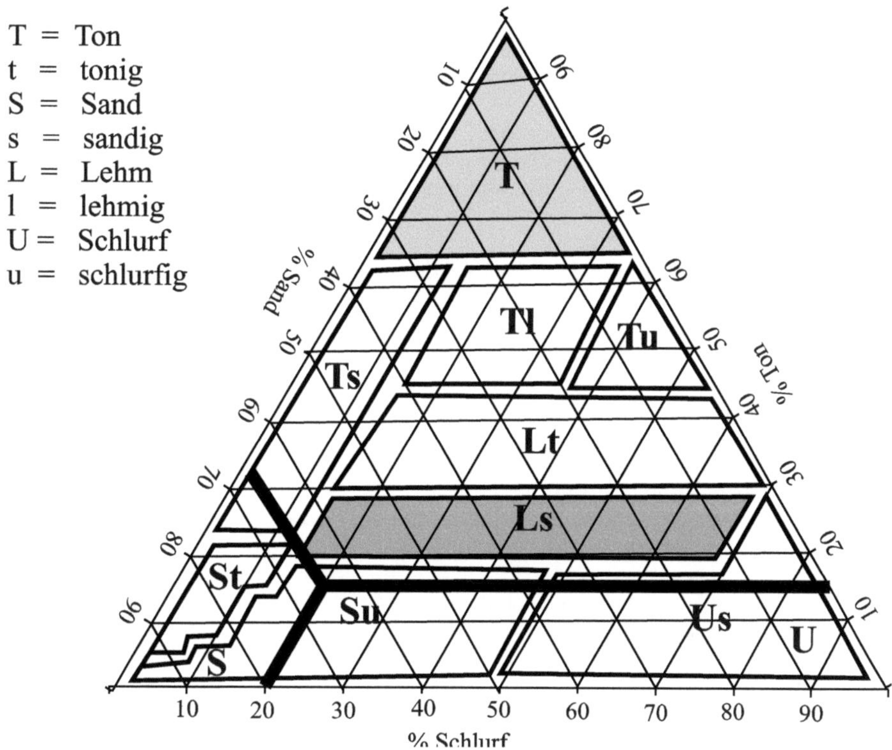

Humusgehalt %	
(bodenkundlicher Kartieranleitung)	
<1 %	sehr schwach
1-2	schwach
2-4	mittel
4-8	stark
8-15	sehr stark
>15	extrem

Nitratgehalt kg N/ha	
(aus Enßlin W. 2000)	
0-40kg	Sickstoffmangel
40-75kg	gesunder Gehalt
75-150kg	hoher Gehalt
>150kg Überdüngung	

BODENCHEMIE NÄHRSTOFFE II

Wie viel Nitrat hat ein Hektar?

Dieser Boden enthält also pro Hektar 4500000 x 25mg/1000000(für Umrechnung von mg auf kg) =112,5kg/ha an Nitrat.

Wie viel Nitrat sollte ein Hektar haben und was fehlt?

Allerdings handelt es sich dabei um Nitrat und nicht um Stickstoff. Stickstoff macht nur einen Anteil von 22,6% aus, das sind in unserem Beispiel 20,08kg N/ha. Durchschnittlicher gesunder Gehalt eines Boden liegt zwischen 40-75 kg Stickstoff/ ha. Es fehlt dem Boden also Stickstoff.

Wie viel genau, ist abhängig von der Pflanze die angebaut werden soll und vom Stickstoffgehalt des Düngers. Dieser wird vom Hersteller angegeben und ist meist eine Mischung aus Stickstoff, Phosphor und Kali Bestandteilen.

Calcium:

Calcium ist wichtig für den Stoffwechsel der Pflanzen und die Zellmembranen. Erkennbar ist ein Mangel an Kalk (Calciumcarbonat) an Wachstumsstörungen.

Messung des Calciumgehalt

Bodenprobe wird mit 10%iger Salzsäure beträufelt. Die Stärke des Aufbrausen signalisiert die Höhe des Kalkgehalts. Auch ein niedriger pH Wert unter 6,0 weist auf Kalkmangel hin.

Kalium, Magnesium, Phosphor

Kalium ist zuständig für den Stofftransport in der Pflanze, während Phosphor als Baustein für Lecithin und DNA benötigt wird. Verfärbung der Blätter ist ein Symptom.
Da Kalium und Phosphor mit Stickstoffdünger in den Boden kommen ist ein Mangel eher selten. Viel Kalium kommt vor allem mit Asche in den Boden.
Kalium wird als K_2O auf den Düngerpackungen angegeben, Phosphor als P_2O_5.
Magnesium als MgO.

Düngerempfehlung:

Stickstoff, Kalium und Magnesium werden ausgewaschen, Phosphor wird mit der Ernte abtransportiert.
Je nach Bodenart und Frucht werden in der Literatur Grenzwerte zwischen Gehalt und Verfügbarkeit unterschieden. Diese Werte sind meist um den Faktor 10 auseinander.
Auf landwirtschaftlichen Webseiten gibt es viele Berechnungen und Vorschläge zu diesem Thema.

Kalkdüngung abhängig vom pH Wert in dt CaO/ha

pH	Bodenart		
	Leicht	mittel	schwer
4,6	14	43	68
4,6	5	30	51
5,1	0	14	30
6	0	0	8

Gehaltsklasse nach Bodenuntersuchung mg/100g Boden

pH 5,1-6,0	P2O5	K2O			Mg		
	Bodenart	Bodenart			Bodenart		
Fruchtart	Alle	Leicht	mittel	schwer	Leicht	mittel	schwer
Acker ,Gemüse	21-34	16-25	26-35	31-40	10-12	14-18	16-25
Wiesen, Rasen	21-34	26-35	26-35	26-35	16-25	16-25	16-25
Obst	>15	>20	>25	>30	>10	>15	>20

Verfügbarkeit der Nährstoffe abhängig vom pH Wert

	sauer					neutral			8		basisch		
	4	4,5	5	6	6	7	7	7,5		9	9	10	10
Stickstoff, N													
Phosphor, P													
Kalium, K													
Calcium, Ca													
Magnesium, Mg													
Schwefel, S													
Eisen, Fe													
Mangan, Mn													
Bor, B													
Kupfer, Cu													
Zink, Zn													
Molybdän, Mo													

LUFTQUALITÄT

Außenluft

Lebensmittel Luft besteht aus einem Gasgemisch aus 78,1%Stickstoff 20,95Vol%
Sauerstoff 0,93Vol% Argon, 0,04Vol% Kohlendioxid und im Mittel 1,3Vol%
Wasserdampf. Luftdruck, Luftfeuchte und Temperatur sind Größen in der
Metrologie und können leicht gemessen werden.

Die Schadstoffe wie Ozon, Stickoxide, Schwefeldioxid oder Staubpartikel sind
schwieriger zu messen und im privaten Bereich ist man auf die Veröffentlichung
der Messwerte durch das Internet angewiesen. Gute aktuelle oder statistische
Infos erhält man vom jeweiligen Umweltbundesamt. www.umweltbundesamt.de
www.umweltbundesamt.at

Staub

Das sind schwebende Feststoffe in der Luft. Die Größe, das heißt kleiner als
10µm (0,010mm), macht sie zu Feinstaubpartikel die beim Menschen bis in die
Lunge vordringen können

Messung Staub: Schwebstaub kann selbst gemessen werden. Angabe in g/m^2.
Ein Gefäß mit großer Oberfläche wird einige Tage im Freien aufgestellt. (Eimer)
Nach einigen Tagen wird der Inhalt von gröberen Blättern oder Käfern befreit und
mit dem Regenwasser in ein vorher abgewogenes kleineres Gefäß geschüttet. Am
Herd eindampfen und den Rückstand wiegen.
Öffnung des Eimer und Anzahl der Tage berücksichtigen und die $g/m^2/$ Tag
berechnen.

Innenluft

Anders als in Wald, Wiese oder Autobahn, sehen die Belastungen im Wohnraum
anders aus.
Sind andere Gase oder Stoffe in der Luft, so machen sich diese als Gerüche oder
sogar gesundheitliche Schäden bemerkbar.

- Chemische Belastung durch Lösemittel aus Baumaterialen, Holz oder
  Farben.
- Formaldehydbelastung aus Einrichtungsgegenständen, Spanplatten und
  Dämmstoffen
- Ölhaltige Imprägnierung von Massenmöbeln
- Pflege-, Desinfektionsmittel, Raumdüfte und Insektenspray
- Weichmacher aus Kunststoffböden oder Textilien
- Hausstaub, Milbe und Schimmelpilze
- Flammschutzmittel aus Computergehäusen oder Ozon durch
  Laserdrucker

Alle gemeinsam haben, dass man die Belastungen riechen kann. Gerade auf
Farben und Kleber wird in diesem Buch im Kapitel Natur- und Kunststoffe näher
eingegangen.

Luftsammeltest

Am Ansaugstutzen eines Staubsaugers wird ein Papiertaschentuch mit einem
Gummiring fixiert. Nun wird das Saugvolumen minimal eingestellt und mit einem
60 Liter Müllsack gemessen welche Zeit benötigt wird um den Müllsack leer zu
pumpen. Jetzt werden 200 Liter Raumluft (als Vergleich auch Außenluft) über das
Taschentuch filtriert. Taschentuch für ein paar Stunden in ein kleines Glas mit
Verschluss geben, warm stellen und dann daran riechen.
Diese Methode funktioniert auch mit Textilien oder kleine Teppichstücken um
Weichmacher oder Aldehydbelastung zu erkennen.
Ist ein Mikroskop vorhanden ist eine mikroskopische Auswertung nach
Partikelgrößen möglich. Hier ist besonders der Vergleich von verschiedenen
Luftsorten und Luftorten interessant.

Grenzwerte in der Luft			
Schadstoff	**Grenzwert**		**Auswertung**
Schwefeldioxid SO2	120µg/m3	TMW	Tagesmittelwert
Schwefeldioxid SO2	350µg/m3	HMW	Halbstundenmittelwert
Kohlenmonoxid CO	10mg/m3	MW8	8 Stunden Mittelwert
Stickstoffdioxid NO2	200µg/m3	HMW	Halbstundenmittelwert
Feinstaub PM <10µ	50µg/m3	TMW	Tagesmittelwert
Ozon	120µg/m3	MW8	8 Stunden Mittelwert

Staubbelastung der Luft
Gewicht des Rückstands nach mehreren Tagen dividiert durch die Öffnung des Sammelgefäß (r². π) und dividiert durch die Tage.
Das Ergebnis ist die Staubbelastung in **g/ m²/ Tag**

SCHALL LÄRM ELEKTROSMOG

Lärm

Lärm ist eine Umweltbelastung die einerseits gut messbar ist anderseits stark von der psychischen Verfassung des Betroffen abhängt. Ein tropfender Wasserhahn in der Nacht kann oft mehr erregen als ein Schnellzug um 23:30 der kurz und gewohnt vorbeirauscht.
Um Lärm zu einer objektivierbaren, physikalischen Messgröße zu machen braucht es Grenzwerte. Betriebslärm ist anders zu bewerten als Straßenlärm. Kindergeschrei anders als Baulärm. Begriffe wie Dauerschallpegel, Basispegel, Spitzenpegel, Tag-Abend-Nacht Lärmindex, sind dafür gebräuchlich. In der Praxis fällt es schwer den richtigen Grenzwert zu finden, da es je nach Verursacher, verschiedene gesetzliche Bestimmungen gibt.

Messung von Lärm

Lärm wird in Dezibel dB gemessen. Für den raschen Überblick werden Apps kostenfrei angeboten.
Gesundheitsschädlich mit Gehörschädigung wird Lärm nach WHO Angaben ab 100dB Dauerbelastung. Beim Schlafen ist ein Wert von 45 dB, bei offenem Fenster, anzustreben.

Mehr dazu in der Tabelle Grenzwert Lärm.

Elektrosmog

Unter Elektrosmog versteht man die Gesamtheit von elektromagnetischen oder magnetischen Wellen, die einen Einfluss auf biologische Systeme haben. Ausgeschlossen davon sind Wärmestrahlen oder radioaktive Strahlen bei denen die Wirkung bekannt ist.
Studien zu diesem Thema sind widersprüchlich. Die WHO beschreibt niederfrequente Wellen als Teilchen, die biologisches Material beeinflussen, kommt aber zu dem Schluss, dass gesundheitliche Folgen nicht bestätigt werden können.
Wichtig ist dabei das bei jeder Art von Strahlung vor allem die Entfernung zur Strahlungsquelle entscheidend ist. Ein Handy am Ohr hat immer mehr Auswirkung als ein Handymast auf dem Dach.
Vor allem die subjektive Beeinträchtigung ist eine Gesundheitsgefahr die durch den Placebo Effekte echte Krankheiten hervorrufen kann.

Messung von Elektrosmog

In Tesla und Mikrotesla µT. Auch hier werden für den Hausgebrauch Apps angeboten. Wichtige Vorsorge ist im Schlafbereich elektrische Felder (Leitungen) auszuschalten und Handys nicht neben dem Bett ablegen.

Die Tabelle Elektromagnetische Strahlen zeigt verschieden Alltagswerte.

SCHALL LÄRM ELEKTROSMOG

Magnetische Flussdichte Beispiele in Tesla	
100pT bis 10nT (Pico Nano Tesla)	Flussdichte im Weltraum
50µT (Mikro Tesla)	Erdmagnetfeld
100µT (Mikro Tesla)	Grenzwert für Leiter im Haushalt
2mT (Milli Tesla)	Batteriestrom beim Autoanlassen
0,1 T	Hufeisenmagnet
0,25T	Sonnenfleck
3,0 T	Kernspintomograph Untersuchung
23T	Stärkster bekannter Magnet
100000000T	Weltraum Neutronenstern

Schallquelle	dB
Schwerzschwelle	134
Gehörschaden bei kurzer Einwirkung	120
Düsenflieger 100m entfernt	110-140
Presslufthammer	100
Gehörschaden bei langer Einwirkdauer	85
Hauptverkehrsstraße	80-90
PKW	60-80
Zimmerlaufstärke	60
Gespräch	40-50
Ruhiges Zimmer	20-30
Blätterrauschen	10
Hörschwelle	0

Grenzwert Lärm laut WHO			
Bereich	**Auswirkungen**	**Maximal dB**	**Min /Std**
ruhige Gebiete	Störung psychosomatische		Differenz zu Umgebung ...
Schlafraum innen	Schlafstörungen	45dB	30dB/8h
Schlafraum außen	Fenster geöffnet, Schlafstörungen	60dB	45dB/8h
Aufenthaltsbereich innen	Belästigung Unterhaltung		35dB/16h
Außenbereich	starke Belästigung		55dB/16h
Betriebslärm	Gehörschäden	110dB	70dB/24h
Verkehrslärm	Gehörschäden	110dB	70dB/24h
Veranstaltungen	Gehörschäden	110dB	100dB/4h

49

Kochen ist eine Kunst und keineswegs die unbedeutendste.
Luciano Pavarotti (1935-2007)

3 Nahrungsmittel und Getränke

Jeder möchte gesunde Lebensmittel ohne Pestizide oder Hormone essen.
Getränke sollen erfrischend und ohne Zuckerzusatz sein. Sind Bio-Lebensmittel
wirklich Bio, gibt es überhaupt einen Unterschied? Ist das Ablaufdatum das
einzige Kriterium für den Konsumenten und wie erkenne ich Frische? Obst,
Gemüse, Fleisch, Honig und Wein werden in diesem Kapitel durchleuchtet.

LEBENSMITTEL UND CHEMIE

Was verbindet Lebensmittel mit Chemie?

Auf den ersten Blick passen Lebensmittel und Chemie nicht zusammen. Erst auf den zweiten Blick ist alles Leben Chemie. Ob Gärung oder Verwesung, ob Hormone oder Gene, alles läuft nach biochemischen Regeln und Gesetzen ab. Neben den natürlichen Abläufen hat sich auch ein industrieller Zweig gebildet, der unter dem Titel Lebensmittelchemie unsere täglichen Nahrungsmittel beeinflusst. Zusatzstoffe, Geschmackstoffe, Konservierungsstoffe, Farbstoffe, Zuckerersatzmittel und vieles mehr um Lebensmittel ansehnlich, geschmackvoll zum großen Geschäft zu machen.

In diesem Kapitel soll es um Qualitätskontrolle und abwägen von gesundheitlichen Risiken, unabhängig von Werbung und Herstellerversprechen, gehen. Selbst durchgeführte einfache Tests als Entscheidungsgrundlage.

Definition und Unterschiede

Grundsätzlich sollte sich der Mensch abwechslungsreich ernähren. Derzeit gilt die Ernährungspyramide als Anhaltspunkt. Viel Wasser trinken, viel Obst und Gemüse und wenig Zucker und Fett essen.

Obst und Gemüse

Obst und Gemüse kann, durch Überdüngung, viel Nitrat und Nitrit enthalten. Außerdem sind Schädlingsbekämpfungsmittel (Pestizide) in der Schale enthalten. Kurze Transportwege senken die notwendigen Maßnahmen von radioaktiver Bestrahlung oder Begasung.

Brot, Getreide, Kartoffel

Lieferant für Kohlehydrate. Die Zusatzstoffe in den Backwaren sind nicht immer unbedenklich.

Fleisch und Fleischprodukte

Schnelles Wachstum der Tiere und hohe Bestandzahlen in den Ställen die Krankheiten fördern, lässt die Hersteller oft zu Hormonen oder Antibiotika greifen. Unterschiede sind schwierig zu erkennen, die Qualität kann aber etwas darüber aussagen. Schnelltest für Antibiotika ist nur bei Großhändlern sinnvoll.

Eier nach Hühnerhaltung und Tierschutz

Preisunterschiede ergeben sich nach Tierhaltung. Die Qualität des Eies hängt vom Futter und von der Tierhaltung ab.

Fett und Milchprodukte

Tierisches und pflanzliches Fett. Wie viel Milch ist im Käse, oder ist es gar kein Käse? Künstliche Käse aus Palmöl sind in Fertigprodukten angekommen. Geschmacksverstärker, E-Nummern und Etiketten verwirren zusätzlich.

Bier, Spirituosen und Wein

Reinheitsgebot für die Bierherstellung, Säurezahl beim Wein, und wie der Geschmack sich verändern kann, zeigen einige Tests bei alkoholischen Getränken. Wie viel Alkohol enthält mein Getränk wirklich?

Zucker, Honig, Schokolade, und Getränke

Zuckerersatzstoffe die nicht dick machen. Süße ohne Zucker nachweisen. Wie viel Zucker hat mein Honig und wie viel Zucker versteckt sich in meiner Limo?

LEBENSMITTEL

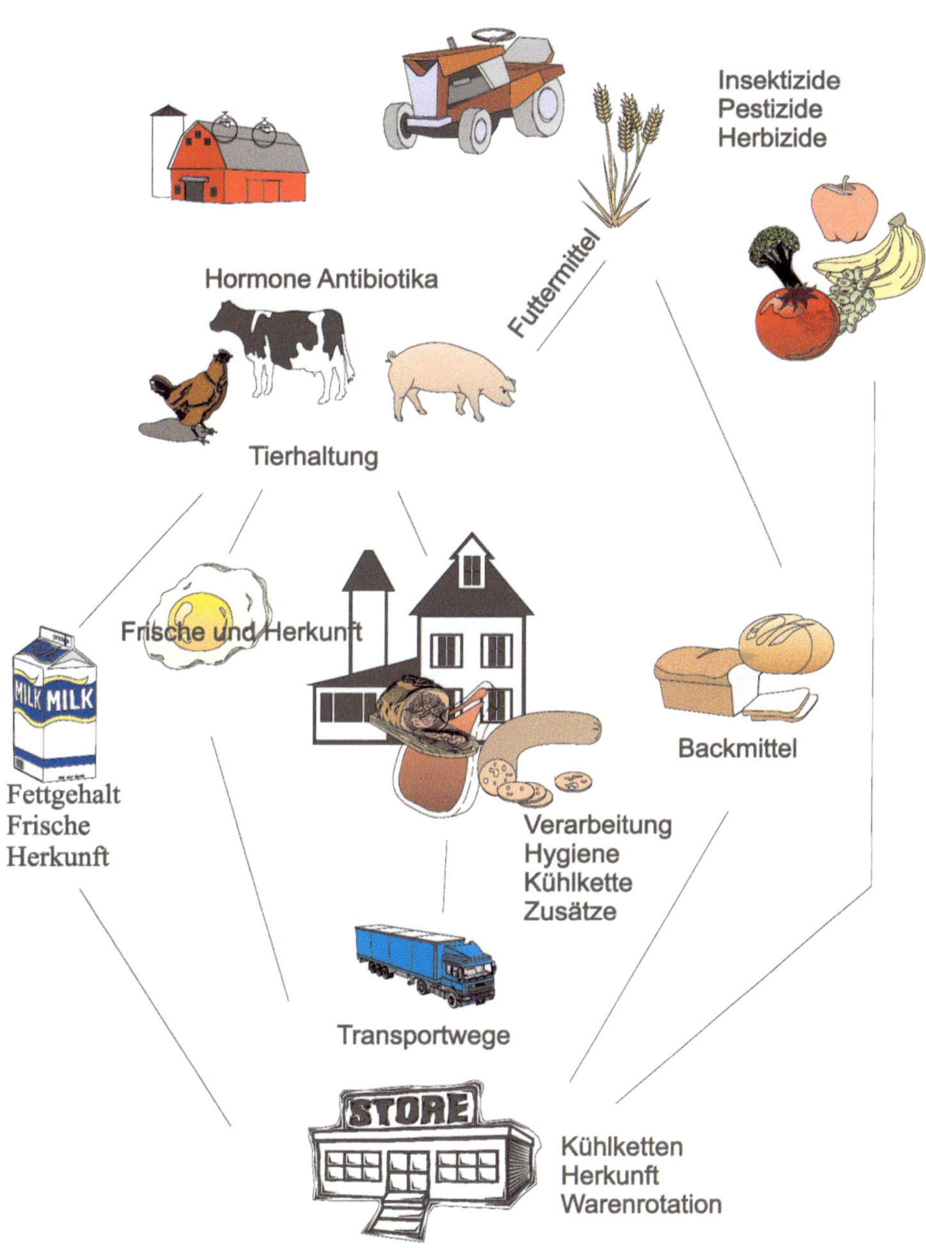

DEFINITIONEN UND BEGRIFFE

Definition Öko und Bio

Ökologische, biologische alternative Landwirtschaft erzeugt Nahrungsmittel die
ohne Einsatz von synthetischen Pflanzenschutz, Mineraldünger und Gentechnik
hergestellt wurden. Diese Produkte dürfen keine Geschmacksverstärker,
künstliche Aromen, Farb- und Konservierungsstoffe enthalten.
Die EU hat den Begriff „Bio" definiert und nur wer diese Kriterien erfüllt, darf das
Biosiegel tragen.
Viele Siegel verderben den Brei. Internet und Barcode können helfen. (z.B.
www.code-knacker.de)

E-Nummern

Das Lebensmittelrecht definiert Zusatzstoffe in Lebensmittel die Struktur,
Geschmack, Farbe, Nährwert oder Haltbarkeit in Lebensmittel beeinflussen. Jeder
Zusatzstoff ist nur für bestimmte Lebensmittel zugelassen, darf nur in unbedingt
notwendigen Mengen zugegeben werden und muss gesundheitlich unbedenklich
sein.
Eine Aufstellung der E Nummern und Wirkungsweise ist im Internet in vielen
Tabellen und Apps verfügbar.
Grobeinteilung: Farbstoffe, Konservierstoffe, Antioxidantien, Süßungsmittel,
Emulgatoren, Rieselhilfen, Geschmacksverstärker und weitere Stoffe, sowie Stoffe
ohne zugeordneter E-Nummer.

Herstellernachweis

Wichtiges Qualitätsmerkmal ist die Rückverfolgbarkeit eines Lebensmittels.
Etiketten der Waren geben Auskunft. Bei den Zutaten muss die Reihung die
Menge wiederspiegeln (Barcodereader einsetzen). Auch das Bundesamt für
Verbraucherschutz gibt zusätzliche Infos. Generell ist Verfolgbarkeit bei Fleisch
und Eiern gut, während bei Obst, Gemüse und verarbeiteten Produkten, eine für
die Erzeuger kostengünstige Verwirrung, an der Tagesordnung ist.

Kalorien

Ein Thema das bei Lebensmitteln immer wieder auftaucht ist „Wieviele Kalorien
hat…?" Generell ist hier zu unterscheiden wie viel Kohlehydrat, Fett, Zucker,
Eiweiß und Alkohol sind im Lebensmittel enthalten. Dies ist nur schwer direkt
messbar aber eine kleine Liste gibt Auskunft. Auch Vitamine und sonstige
Inhaltsstoffe sind in Listen und Tabellen verfügbar. Erstaunlich welche Vitamine in
welchen Lebensmitteln verborgen sind.
Generell ist eine Unterversorgung an Vitaminen in Europa, bei normaler
Ernährung, kaum möglich. Erst bei Mangelernährung durch Krankheit oder Diät ist
Vorsicht geboten.

Fazit Bio oder Nicht

Bio Produkte enthalten weniger Pflanzenschutzmittel, Antibiotika und Nitrate. Die
Transportwege sind kurz und daher nachhaltig. Ein Unterschied im Geschmack
konnte durch Untersuchungen nicht bestätigt werden.
Vorteile von Bio ist auf jeden Fall die geringere Belastung mit Pestiziden und
Antibiotika, artgerechte Haltung von Tieren und kein Einsatz von Gentechnik oder
Bestrahlung.

DEFINITIONEN UND BEGRIFFE

Grobeinteilung der E Nummern nach Einsatzgebiet
1 Lebensmittelfarbstoffe
2 Konservierungsstoffe
3 Antioxidantien und Säureregulatoren
4 Süßungsmittel
5 Stabilisatoren und Geliermittel
6 Rieselhilfen, Säureregulatoren
7 Geschmacksverstärker
8 Weitere Stoffe
9 Stoffe ohne zugeordnete E-Nummer
10 Weblinks
11 Anmerkungen
12 Einzelnachweise

EU-Lebensmittelinformationsverordnung 1169/2011).		
Code	**Bezeichnung**	**Beispiele**
A	Glutenhaltiges Getreide	Brot, Kuchen, Teigwaren, Wurstwaren, Backerbsen, Schokolade
B	Krebstiere	Paella, Feinkostsalat
C	Geflügel - Eier	Mayonnaise, Palatschinken, Nudeln
D	Fisch	Soßen, Sardellen,
E	Erdnüsse	Pommes, Eis, Kuchen, Müsli
F	Sojabohnen	Brot, Kuchen, Schokocreme, Diätdrinks
G	Milch und Milcherzeugnisse	Bratwurst, Pommes, Suppen, Soßen, Wein
H	Schalenfrüchte	Gebäck, Rohwürste, Käse, Joghurt, Müsli, Schokolade
L	Sellerie	Fleischgerichte, Suppen, Gewürzmischungen
H	Senf	Salate, Ketchup
N	Sesamsamen	Gebäck
O	Schwefeldioxid, Sufite	Tockenfisch, Chips, Wein
P	Lupinen	Brot, Gepäck, Pizza
R	Schnecken, Muscheln, Tintenfische	Würzpaste, Paella

Herkunft und Aussehen
Je weiter gereist die Produkte sind, umso weniger Geschmack haben sie. Um Bananen um die Welt zu schippern, braucht es eine eigene Reifebegasungen und Reifekammern und der Geschmack leidet darunter.
Analyse Sensorik Aussehen, Farbe, Geruch, Geschmack.
Farbe Geruch und Geschmack beschreiben und im Vergleich zu anderen Proben verkosten. Es handelt sich dabei immer um einen subjektive Beurteilung die durch mehrere Testpersonen und Blindverkostungen, sich einer objektiven Messung nähert.
Weitere wichtige Indizien sind Nitratgehalt, Trockengewicht, Beilsteinprobe und Säuregehalt. Alles kann selbst leicht durchgeführt werden.

Nitratbestimmung
Etwa 100g Gemüse oder Obst werden mit 100g Wasser (abgewogen) fein püriert, und der Nitratgehalt dieser Lösung mit einem Teststreifen bestimmt. Der ermittelte Wert (z.B. 150mg/Liter) wird auf das Volumen von Gemüse und Wasser (ca. 200ml) bezogen. = 30mg/200ml daher sind in 100g Gemüse 60mg Nitrat =600mg/kg Gemüse.
Teststreifen werden von der Firma Merck auch angeboten für Aluminium, Ammonium, Ascorbinsäure, Chlor, Eisen, Formaldehyd, Nitrat, Nitrit, uvm. Testablauf und Berechnung sind ident. Die Probemenge und Wassermenge sind dem Messbereich und dem zu erwartenden Ergebnis anzupassen.

Trockenbestimmung
Biologisches Obst und Gemüse wächst langsamer und daher ist der Wassergehalt geringer. Um den Wassergehalt zu bestimmen, legt man auf einen Porzellanteller 100g abgewogenes geschnittenes Obst oder Gemüse aus und lässt es bei 120°C im Ofen 2 Stunden bis zu einem konstanten Gewicht trocknen. Der Gewichtsverlust gibt über den Wassergehalt Auskunft.

Beilsteinprobe
Um organische Chlorverbindungen nachzuweisen wird ein kleines, fingernagelgroßes Stück des getrockneten Obstes, auf einem Kupferblech in die rauschende Flamme eines Bunsenbrenners gehalten. Zuerst verbrennt alles Organische mit Rußbildung, dann erscheint ein leuchtendes grün in der Flamme. Ein sicheres Zeichen für organische, chlorierte Verbindungen.

pH Wert Bestimmung
Alle Lebensmittel haben auch einen pH- Wert. Wie sauer oder basisch lässt sic h mit einem pH Teststreifen ermitteln. Achtung dieser pH Wert hat nichts mit dem Säure-Basenhaushalt des Körpers und mit dem basischen bzw. sauren Eigenschaften von Lebensmitteln zu tun, bei denen es um die Wirkung auf das Puffersystem des Körpers geht.

OBST UND GEMÜSE

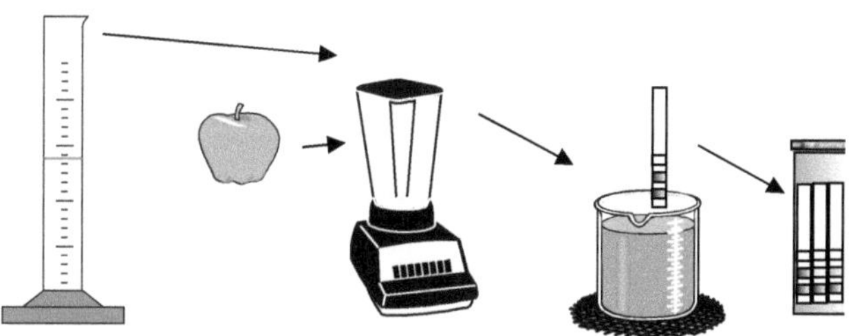

100ml Wasser / 100g Frucht / mixen / mit Teststreifen bestimmen

Kopfsalat	11 kcal/ 48 kJ
	g in 100g
Wasser	95
Eiweiß	1,3
Fett	0,2
Kohlehydrate	1,1
Ballaststoffe	1,5
Mineralstoffe	0,7

Kartoffel	70 kcal/297 kJ
	g in 100g
Wasser	77,8
Eiweiß	2,0
Fett	0,1
Kohlenhydrate	14,8
Organische Säuren	0,6
Ballaststoffe	2,5
Mineralstoffe	1,0

Nitratgehalt Mittelwerte	
Art	mg Nitrat/100g
Äpfel	1,9
Birnen	1,4
Bohnen	25
Chicoree	1
Erdbeeren	14
Kartoffel	13
Kohlrabi	192
Kopfsalat	262
Kraut	107
Kürbis	62
Möhre	50
Rettich	259
Spinat	166
Weintrauben	0,8
Zwiebel	20

Weißkraut	25 kcal/106 kJ
	g in 100g
Wasser	92,1
Eiweiß	1,4
Fett	0,2
Kohlehydrate	4,1
Organische Säuren	0,4
Ballaststoffe	2,5
Mineralstoffe	0,6

BROT UND GETREIDE

Im Handel werden viele Brotsorten angeboten und die Bezeichnungen sind oft verwirrend. Roggenbrot, Weizenbrot, Mischbrot, Dinkelbrot, Vollkornbrot bis original nach traditionellem Rezept hergestelltes Bauernbrot.

Wie erkennt man aber die eingesetzten Getreidesorten und welche Inhaltstoffe sind enthalten?

Ein paar Körner im Brot machen noch kein Vollkorn. Dunkles Brot ist oft mit Malz eingefärbt neben Mehl, Wasser, Salz und einem Lockerungsmittel sind noch viele andere Zutaten im Teig.

Kennzeichnung und Zutaten

Weizen und Roggenmehl sind mit einer Typennummer gekennzeichnet die Auskunft über den Mineralstoffgehalt gibt. Brotfarbe ist kein Hinweis. Die dunkle Farbe kann durch Malz oder geröstetem Mehl erzeugt werden.

Lockerungsmittel ist Hefe und Sauerteig. Aber auch aus Natron, mit gesäuerten Milchprodukten, entsteht CO_2, das den Teig auflockert.

Weitere Zusatzstoffe sind Ascorbinsäure (verbessert die Klebereigenschaften des Cysteinbausteins), Emulgatoren, Konservierstoffe (sind nur bei Schnittbrot erlaubt und sollen Schimmelwachstum verhindern)

Es lohnt sich die Zutaten im Geschäft zu erfragen. Erst dann ist eine Zuordnung zur Brot Type möglich.

Richtige Lagerung heißt austrocknen verhindern und das ist in Plastiksäcken am besten möglich. Auch Einfrieren (bereits geschnitten) ist eine Möglichkeit.

Selbstanalyse

Bei Brot ist eine subjektive Beurteilung, und vor allem der Vergleich zu anderen Brotsorten, ein wichtiges Kriterium.

Lagerversuch

Drei verschiedene Stück Brot werden in je einem Gefrierbeutel gut verschlossen bei Zimmertemperatur gelagert. Welches Brot schimmelt zuerst und wie lange braucht es dazu? Welche Unterschiede sieht man an den einzelnen Brotsorten?

Sensorik Beurteilung

Form und Aussehen (Wichtungsfaktor 1)

Kann nach Gleichmäßigkeit, Farbe, Bestreuung und Bemehlung nach dem Schulnotensystem beurteilt werden.

Oberfläche und Kruste (Wichtungfaktor 2)

Hier ist Bräunung, Falten, Blasen, Gleichmäßigkeit, Verbrennungsgrad, Dicke der Kruste ein Kriterium.

Lockerung und Krumenbild im Anschnitt, Struktur und Elastizität (Wichtungfaktor 4)

Porengröße, Wasserring unter der Kruste, Hohlräume, Druckstellen, Schneiderückstände können beurteilt werden. Elastizität wie viel Krümel beim Schneiden oder der Zustand nach kurzem toasten, sind auch bewertbar.

Geruch, Geschmack (Wichtungsfaktor 9)

Sind für den Konsumenten wohl die wichtigsten Kriterien sind aber auch am subjektivsten zu beurteilen. Kriterien sind aromatisch, sauer, klebrig, salzig, süß, herb, bitter, würzig, hefig, alt gärig, ranzig, muffig oder andere Neben- oder Fremdgerüche.

Ermittlung der Qualität

Sind alle Kriterien nach Note 1-4 bewertet, mit dem Faktor multipliziert, addiert und durch die Anzahl der Wichtungen (1+2+4+9) **16** dividiert haben sie eine Qualitätszahl die sie mit anderen Produkten vergleichen können. So finden sie ihr Lieblingsbrot.

Der Gewichtungsfaktor gibt an wie wichtig diese Kriterien für ein gutes Brot sind.
Die Punktezahl 4=trifft zu 0= trifft nicht zu (3-2-1) stellen Zwischenstufen dar

Form und Aussehen	Pkt		Pkt
ungleichmäßig Form		ungleichmäßige Bestreuung	
zu flache Form		aufgeplatzte Schluß	
nicht abegetrennt		faltiger Boden	
zu viel Bestreuung		unsauberer Boden	
		SUMME	
		SUMME x 1 (Gewichtungsfaktor)	

Oberfläche, Kruste	Pkt		Pkt
ungleichmäßige Bräunung		absplitternde Kruste	
zu helle Bräunung		zu dicke Kruste	
zu dunkle Bräunung		zu dünne Kruste	
Schrumpffalten		verbrannte Kruste	
Blasen		verbrannter Boden	
Krustenrisse			
		SUMME	
		SUMME x 2 (Gewichtungsfaktor)	

Lockerung und Krumenbild	Pkt		Pkt
ungleichmäßige Lockerung		Druckstelle unter der Kruste	
zu geringe Lockerung		rauhe Schnittfläche	
zu hohe Lockerung		viel Schneiderückstände	
Wasserringe- Streifen		ungleichmäßige Farbe	
Hohlräume			
		SUMME	
		SUMME x 4 (Gewichtungsfaktor)	

Geruch Geschmack	Pkt		Pkt
wenig aromatisch		zu alt	
fade		Fremdgeruch	
klebrig teigig		Fremdgeschmack	
zu sauer		ranzig	
zu herb		muffig	
zu salzig		rasche Schimmelbildung	
zu süß		sonstiges:	
zu bitter			
		SUMME	
		SUMME x 9 (Gewichtungsfaktor)	

GESAMTSUMME mit Faktor
Dividiert durch
Faktorenanzahl 16
=Qualitätszahl

Je niedriger die Zahl umso besser. Wie wichtig die einzelnen Merkmale für
sie sind entscheiden sie selbst mit dem Gewichtungsfaktor. Jetzt können sie
Brote miteinander vergleichen und ein hervorragendes Produkt mit einer
Qualitätszahl beschreiben.

MILCH UND KÄSE

Milch ist eine Emulsion feinster Fettteilchen in einer wässrigen Lösung aus Eiweiß, Kohlehydrate (Milchzucker), Vitaminen und Milchproteinen (Aminosäuren). Als Lebensmittel deckt Milch den Bedarf an essentiellen Aminosäure (können vom Körper nicht selbst erzeugt werden) und den Bedarf an Kalium, Calcium und Phosphor ab.

Aus Milch werden unzählige Produkte hergestellt. Ausgangsprodukt ist die Rohmilch die in ihre Bestandteile durch Zentrifugen aufgeteilt wird. Es entstehen je nach Dichte Rahm ($0{,}93 g/cm^3$), Magermilch ($1{,}035\text{-}1{,}038 g/cm^3$) und Nichtmilchbestandteile ($< 1{,}038 g/cm^3$). Haltbarkeit und Fettgehalt entscheiden über Art und Bezeichnung der Milch.

Bestandteile der Milch

Proteine: Der größte Teil der Proteine ist Casein. Casein wird durch Labung (oder ansäuern mit Essigsäure) aus der Milch ausgefällt. Daraus wird der Käse erzeugt. Die Molkeproteine (Albumine, Globuline) bleiben in der Milch. Sie werden erst durch Erhitzen von der Milch getrennt. (Hautbildung)

Milchfett: Eine frische Kuhmilch enthält 3,6 bis 6,2% Fett. Dieses Fett ist fein verteilt in kleinen Tröpfchen in der Größe von 0,1 bis 10µm. Milchfett kann schnell vom Darm absorbiert werden und ist auch ein gutes Transportmittel für fettlösliche Vitamine wie A, D oder E.

Kohlehydrate: Milch enthält ca. 4,6 bis 5% Milchzucker (Laktose) und Zitronensäure.

Mineralstoffe Vitamine: Der Calziumbedarf wird zu ca. 60% über Milch gedeckt. Auch Kalium und Phosphor sind in der Milch vorhanden. Vitamine findet man, außer D und E, fast alle.

Zusatzstoffe: Trinkmilch darf keine Zusatzstoffe enthalten aber Milcherzeugnisse enthalten Citrate, Ascorbate, Konservier Stoffe, Farbstoffe, Aromen und vieles mehr. Alle werden am Etikett angeführt.

Analysen an der Milch

Eiweißnachweis

20ml Milch mit 100ml dest. Wasser verdünnen und Essig zutropfen. Casein fällt aus und dieses wird abfiltriert. Casein in 2ml verdünnter Natronlauge auflösen. Die Lösung muss einen pH von mindestens 9,5 haben. Nach der Zugabe von blauer Kupfersulfat Lösung zeigt eine violette Färbung das Vorhandensein von Proteinen an. Es entsteht ein Kupfer Komplexsalz, wenn mindestens zwei CO-NH Gruppen enthalten sind.

Säuregradbestimmung

40ml Milch werden mit 2ml Phenolphtalein Indikator (oder Rotkrautindikator) versetzt, und solange 0,1 molarer Natronlauge (4g/Liter) zu getropft, bis eine leicht rosa Farbe bleibt. (pH7,5)

Verbrauch entspricht den °SH (Soxhlet Henkel Grad) die den Säuregehalt definieren.

Frische Milch 6,5-7,5 °SH, Beginnende Säuerung 8-9°SH, gerinnt beim Erhitzen 10-11°SH,

Saure Milch 25-30°SH

Härtetest

5ml Milch mit dest. Wasser auf 50ml verdünnen und den Gehalt an Gesamthärte mit einem Teststreifen bestimmen. Das Ergebnis mal 10 multiplizieren.

Weiter Analysen: Dichtemessung und Mikroskop

Milchprodukte

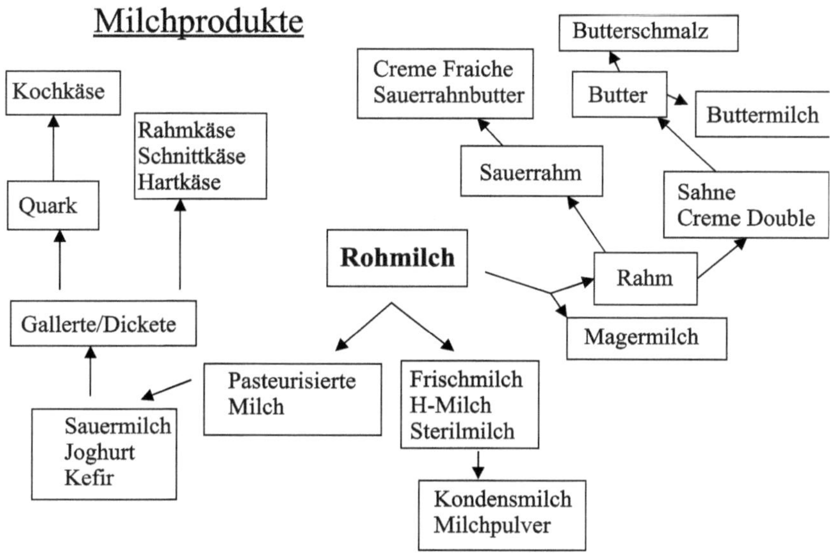

Vollmilch	65 kcal/274 kJ
	g in 100g
Wasser	87,7
Eiweiß	3,3
Fett	3,6
Kohlehydrate	4,6
Organische Säuren	0,2
Mineralstoffe	0,7

Sahne	308 kcal/1302kJ
	g in 100g
Wasser	62,0
Eiweiß	2,4
Fett	31,7
Kohlehydrate	3,3
Organische Säuren	0,1
Mineralstoffe	0,5

Ziegenkäse	281 kcal/1188kJ
	g in 100g
Wasser	54,0
Eiweiß	21,0
Fett	21,8
Kohlehydrate	0,0
Organische Säuren	0,2
Mineralstoffe	3,0

Emmentaler	384 kcal/1623kJ
	g in 100g
Wasser	35,7
Eiweiß	28,7
Fett	29,7
Kohlehydrate	0,0
Organische Säuren	0,5
Mineralstoffe	3,9

FLEISCH UND WURST

Fleisch ist der wichtigste Eiweißlieferant für den Menschen. Nicht nur das Fleisch selbst sondern auch die Tierhaltung, Fütterung und Schlachtung haben einen Einfluss auf die Qualität. Der Konsument wünscht sich ein saftiges Steak ohne Antibiotika und Tier Leid.

Wurst:

Wurst ist ein Produkt bei dem Fleisch, Innereien, Speck, Salz und Gewürze zu einem Brät vermengt und in einen Darm, natürlich oder künstlich, gefüllt wird. Zur längeren Haltbarkeit werden Würste auch gegart, geräuchert oder getrocknet.

Fleisch Herkunft?

Die Herkunft des Fleisches kann man über Seiten im Internet herausfinden. Auf der Seite des Bundesamts für Lebensmittel, sind Herstellerbetriebe und Händler angeführt. Ob es sich dabei um einen Biobetrieb handelt oder konventionelle Tierhaltung kann aber erst über Seiten wie oekolandbau.de oder oeko-fair.de herausgefunden werden. Das EU Bio Siegel ist ein, hoffentlich kontrollierter, Hinweis darauf.

Die Kühlkette darf bei Fleisch nicht unterbrochen werden. Bei -18°C ist Schweinefleisch 6 Monate und Rindfleisch 18 Monate haltbar.

Frische erkennen:

Frisches Fleisch mit allen Sinnen erkennen heißt, das Fleisch muss eine glatte, trockene Oberfläche haben und muss frisch im Geruch sein. Die Farbe ist bei Wild rotbraun, bei Rind dunkelrot, bei Schweinefleisch zartrosa und bei Geflügel blassrosa. Während Rindfleisch abhängen muss sollte Geflügel schnell verarbeitet werden.

Austretender Saft und Druckstellen am Fleisch sind negative Zeichen. Vor verpackter Ware, die mit Gewürzen vermischte ist, ist abzuraten.

pH Wert:

Der pH Wert ist ein wichtiger Messwert für Fleischreife und Gesundheitszustand des Schlachttieres.

Der Ausgangswert ist je nach Tierart, Alter und Gesundheit des Tieres verschieden. Durchschnittlich liegt der pH bei 6,2 - 6,4 und fällt mit fortlaufender Fleischreifung auf 5,5-5,7 ab. Am Ende der Fleischreifung steigt der Wert wieder an auf 5,8-5,9.

Nun steigt der pH Wert ständig an bis er den Ausgangswert erreicht hat. Spätestens jetzt beginnt das Fleisch zu verderben. Kranke Tiere haben bereits zu Beginn einen pH Wert über 7 und sind nicht für den Verzehr geeignet.

Schlachten und Stress

Besonders bei Wildtieren, die vielleicht nach dem Schuss noch flüchten können und erst später erlegt werden, ist der Stress und damit der Glycogenabau im Fleisch sehr hoch. Damit wird das Fleisch minderwertiger. Auch Verletzungen der inneren Organe können zu vermehrten Bakterien in der Blutbahn und damit im Fleisch führen. Auch bei leberartigem Geruch ist das Fleisch nicht mehr für den Verzehr geeignet.

Antibiotika

Antibiotika im Fleisch ist immer wieder ein Thema. Es gibt dafür einen Test Kit bei dem B.stearothermophilus Sporen ins Fleisch injiziert werden. Nach einiger Zeit im Brutschrank zeigt eine Gelbfärbung ein negatives und eine Lilafärbung ein positives Ergebnis an. Dieser Test ist aber nur für Metzger und Fleischerbetriebe effizient.

FLEISCH UND WURST

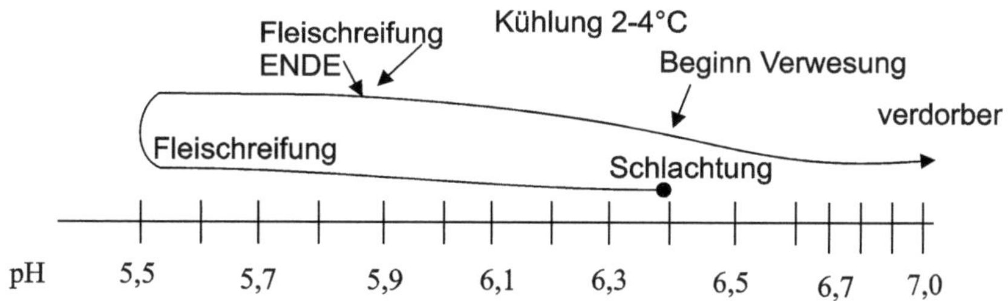

Fleischreifung nach dem Schlachten am pH bestimmen

Rinderfilet	116 kcal /494 kJ
	g in 100g
Wasser	75,1
Eiweiß	19,2
Fett	4,4
Mineralstoffe	1,1

Schweinefilet	162 kcal/685 kJ
	g in 100g
Wasser	69,4
Eiweiß	20,4
Fett	8,9
Mineralstoffe	1,0

Huhn	133 kcal/563kJ
	g in 100g
Wasser	72,7
Eiweiß	20,6
Fett	5,6
Mineralstoffe	1,1

Truthahnbrust	105 kcal/448 kJ
	g in 100g
Wasser	73,7
Eiweiß	24,1
Fett	1,0
Mineralstoffe	1,2

Verschiedene Fleischsorten im Vergleich

EIER UND HÜHNERHALTUNG

Wachteleier, Gänseeier, Enteneier, Hühnereier, Straußeneier kommen auf den Tisch. Geschmacklich sind sie sehr ähnlich und auch die Qualitätsmerkmale sollten dieselben sein. Eier werden am besten kühl (zwischen 15°C und 18°C) und trocken gelagert, dann sind sie über Wochen haltbar.

Kennzeichnungsystem
Nirgends ist die Herkunft und Kontrolle so transparent wie beim Hühnereiern. Ein EU weites Kennzeichnungssystem schafft seit 2004 für den Verbraucher Sicherheit.
Auf Webseiten wie www.eierdatenbank.at oder www.was-steht-auf-dem-ei.de können sie Kontrollnummern eingegeben um den Hersteller zu ermitteln.
Die Kennzeichnung setzt sich aus Nummern und Buchstaben zusammen.
Erste Nummer verrät die Haltungsform. 0-Biohaltung, 1- Freilandhaltung, 2-Bodenhaltung,
Buchstabe Code entspricht dem Herkunftsland. AT Österreich, DE-Deutschland usw.
Beispiel: **1-DE-1234501** zeigt Freilandhaltung in Deutschland.

Boden-, Freiland- Biohaltung oder Tierschutz
In den Haltungsbedingungen wird geregelt wie viele Tiere pro Stall zulässig und wie groß Stall und Scharrraum sein müssen. Auch die Größe der Nester, das Einstreumaterial, aus Sand, Stroh oder natürlichen Materialien, ist vorgeschrieben. Freilauf, Sitzstangenlänge, Beleuchtung Futter (gentechnisch nicht verändert) und Antibiotika Einsatz sind geregelt. Auch die Schnäbel dürfen unter Tierschutzbestimmungen nicht gekürzt werden.

Frische und Haltbarkeit
Das Gelb des Dotters kommt nicht von der Sonne, sondern vom Futter. Carotine die auch aus gesundheitlichen Gründen gefüttert werden, machen den Dotter Gelb.
Den besten Hinweis auf ein frisches Ei, gibt die gallertartige Eiklarschicht, die den Dotter in der Mitte des Eies hält. Um den Dotter herum zeigt sich ein leicht trübes, dickes Eiklar. Je älter das Ei, desto mehr verflüssigt sich das Eiklar. Bei gekochten Eiern ist dann der Dotter eher am Rand zu finden.

Schwimmtest Dichte in Salzwasser
Bei alten Eiern bildet sich ein größerer Luftraum im Inneren. Ein frisches Ei sinkt in einer Salzlösung zu Boden ein altes Ei bleibt in Schwebe.

Abrolltest UV Lampe
Mit einer UV Lampe kann man sehr gut die Abrollspuren einer Käfighaltung an den Eiern erkennen.

Drehtest
Ein gekochtes, von einem rohen Ei, unterscheidet sich in seiner Drehbewegung. Ein gekochtes Ei dreht sich wie ein Kreisel, während das flüssige Innere die Rotation sofort zum Stillstand bringt.

EIER UND HÜHNERHALTUNG

Hühnerei	154 kcal/650 kJ
	g in 100g
Wasser	74,1
Eiweiß	12,9
Fett	11,2
Kohlehydrate	0,3
Mineralstoffe	1,1

Hühnereigelb	352 kcal/1489 kJ
	g in 100g
Wasser	50,0
Eiweiß	16,1
Fett	31,9
Kohlehydrate	0,2
Mineralstoffe	1,7

Hühnereiweiß	48 kcal/203 kJ
	g in 100g
Wasser	87,3
Eiweiß	11,1
Fett	0,2
Kohlehydrate	0,4
Mineralstoffe	0,7

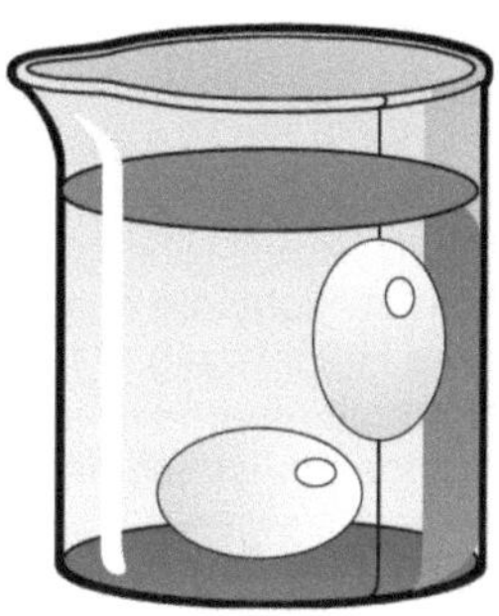

Frischetest in Salzwasser
Ein altes Ei bleibt in Schwebe

ZUCKER UND HONIG

Süße und Zucker ist von Lebensmitteln und Getränken heute nicht wegzudenken.
Chemisch gesehen handelt es sich bei Zucker um Kohlenstoffketten mit einem
Ethanol Rest und einem Keton oder Aldehyd Rest, sowie vielen OH Gruppen an
den restlichen Kohlenstoffatomen.

Zucker sind Mono- oder Disaccharide. War früher Honig für Süße in Speisen
verantwortlich, ist heute Glucose (Traubenzucker, Dextrose) Fruktose, Ribose
oder die Disaccharide (aus zwei Zucker zusammengesetzte), Maltose, Laktose
oder der bekannte Rohr- oder Rübenzucker, die Saccharose, in Lebensmitteln
vorhanden.

Nachweis von Zucker in verschiedenen Getränken

Um die Dichte von Zuckerlösungen festzustellen werden zuerst 4 Lösungen mit
Rübenzucker hergestellt.

5g Zucker in 100ml Wasser	15g Zucker in 100ml Wasser
10g Zucker in 100ml Wasser	20g Zucker in 100ml Wasser

Von allen Lösungen kann die Dichte bestimmt werden. Je mehr Zucker desto
schwerer die Flüssigkeit.

Ebenso wie die Dichte ist auch der Brechungsindex der Lösungen interessant.
Die Werte werden in ein Diagramm eingetragen. Dichte in g/ml und Gehalt an
Zucker in g/ml.

Bestimmt man nun die Dichte, oder den Brechungsindex von Apfelsaft kann man
den Zuckergehalt direkt am Diagramm ablesen.

Zuckernachweis mit Benedict Reagenz

Für diesen Nachweis werden 2 Lösungen benötigt.

Lösung 1: 17,3g Natriumcitrat und 10g Natriumcarbonat werden in 70 ml dest.
Wasser warm gelöst.

Lösung 2: 1,72g Kupfer(II) sulfat in 20ml Wasser lösen.

Lösung 1 und 2 mischen und auf 100ml auffüllen.

 Dieses Reagenz wird nun neutralen oder alkalischen Probelösungen zugegeben.
Eventuell mit Natronlauge den pH-Wert erhöhen.Eine Farbreaktion von blau über
grün nach orange zeigt Ascorbinsäure, Maltose oder Fructose an.

Disaccharide (Rübenzucker) werden nicht angezeigt. Diese müssen zuerst in
Glucose und Fructose aufgespalten werden, durch kochen mit verdünnter
Salzsäure. Die Salzsäure wird vor dem Test mit Natronlauge neutralisiert.

Honig Wassergehalt

Bei Honig ist nach dem Lebensmittelgesetz ein bestimmter Wassergehalt
vorgeschrieben. Ist bei frischem Honig ein Wassergehalt von bis zu 30% möglich
kann dieser Wert bis auf 15 % sinken. Zu hoher Wassergehalt fördert die Gärung
und Keime, zu niedriger vermindert Streichfähigkeit und Aroma. Optimal ist ein
Wasserwert von 17%. 18% darf laut Richtlinie des Deutschen Imkerverbands nicht
überschritten werden. (Ausnahme Heidehonig 21,7%)

Gemessen wird der Wassergehalt mit einem Refraktometer das dafür die
geeignete Skala hat. Als Kalibrierlösung ist Olivenöl ein Ersatz. Die Anzeige muss
bei Olivenölmessung 26% Wasser anzeigen.

Die Messung der Brechung ist stark von der Temperatur abhängig. Als Faustregel
gilt 0,08% pro °C über 20°C werden vom gemessenen Wassergehalt abgezogen.

pH Wert

Honig hat einen pH Wert der zwischen 3,3 bis 4,6 liegen kann. Bei tieferem pH ist
auch der Geschmack säuerlich. Bei höherem pH ist ein höherer Mineralstoffanteil
zu erwarten.

Rohrzucker	399kcal/ 1697 kJ
	g in 100g
Wasser	0,1
Eiweiß	0,0
Fett	0,0
Kohlehydrate	99,8
Mineralstoffe	0,1

Ahornshirup	250kcal/ 1061 kJ
	g in 100g
Wasser	34,2
Eiweiß	0,4
Fett	0,0
Kohlehydrate	62,0
Mineralstoffe	0,7

Honig	302kcal/ 1284 kJ
	g in 100g
Wasser	18,6
Eiweiß	0,4
Fett	0,0
Kohlehydrate	75,1
Mineralstoffe	0,2

Marzipan	486kcal/ 2060 kJ
	g in 100g
Wasser	8,8
Eiweiß	8,0
Fett	24,9
Kohlehydrate	57,5
Mineralstoffe	0,8

Benedict Reagenz für Zuckernachweis
Lösung I: 17,3g Natriumcitrat / 10g Natriumcarbonat in 70ml Wasser
Lösung II: 1,7g Kupfersulfat in 20ml Wasser
Lösung I und II mischen

Farbänderung einer alkalischen Probe zeigt von blau über grün nach orange *Monosaccharid* an.

Disaccharid wird durch kochen in verd. Salzsäure in Monosaccharid umgewandelt und kann, nach alkalisch machen, mit dem Reagenz nachgewiesen werden.

SPEISEÖL UND MAGARINE

Neben Kohlehydraten und Eiweißstoffen gehören Fette zu den wichtigsten Nährstoffen.
Speisefett sind Verbindungen aus Glycerol und meist längerkettigen unverzweigten Monocarbonsäuren (Fettsäuren). Andere Bezeichnung für Fette ist auch Triglyceride. Sind sie bei 20°C flüssig spricht man von Ölen.
Speisefette können sowohl tierischer, wie auch pflanzlicher Herkunft sein.
Gesund sind vor allem essenzielle Fettsäuren die der Körper nicht selber aufbauen kann, wie Linolsäure, Linolensäure oder Archidonsäure.
Während gesättigte (die Moleküle haben keine Doppelbindungen) Fette dickflüssig und stabil aber ungesund sind, werden ungesättigten Fetten mit mehreren Doppelbindungen ein gesundes Image nachgesagt.

Margarine
Margarine ist ein butterähnlicher Aufstrich der aus Pflanzenöl hergestellt wird. Durch Hydrierung oder einer Emulsion aus Fett und Wasser kann dies erreicht werden. Zusätze wie Carotin Zitronensäure oder Sorbinsäure als Konservierungsmittel, finden dabei Verwendung. Vor allem für Vegetarier eine Alternative.

Verschiedene Öle
Ob Rapsöl, Sonnenblumenöl oder Olivenöl, die Unterschiede liegen in der Qualität des Ausgangsprodukts und in der Art der Pressung oder Extraktion. (kalt, native o.Ä.) Test der Konsumentenschützer hat gezeigt, dass oft geschwindelt wird und gepantscht. Das wichtigste bleibt der Geschmackstest.

Sensorik
Um Speiseöle zu beurteilen ist ein Merkmal der Geruch oder der Geschmack. Bewerten sie den Geschmack nach einer Skala von 0- 5 wie intensiv der Geschmack, Geruch ist.
Als Positive sind Gerüche wie saatig, nussig oder spargelartig zu bezeichnen Negative sind ranzig, strohig, holzig, röstig, verbrannt, bitter, stichig, hefig, modrig, oder adstringierend anzugeben.

Säurezahl
Mit der Säurezahl wird bestimmt, wie viele freie Fettsäuren im Öl vorhanden sind. Es werden 50ml Öl mit heißem Wasser vermischt. Ein Indikator zugegeben und mit 0,1M Kalilauge solange versetzt bis der Indikator pH 7 anzeigt. Ergebnis in mg KOH/ g Öl.
Native Öle haben Werte von unter 4mg/g, raffinierte Öl Werte von < 0,6mg / g.

Rauchtemperatur
Das Fett wird langsam in einer Pfanne erhitzt und die Temperatur wird gemessen bei der, der erste Rauch erscheint. Dieser Wert muss bei Frittier Fett über 170°C liegen. Die Alterung eines Fetts ist damit gut erkennbar.

Chromatographie
Ein Tropfen Öl wird auf ein Filterpapier aufgetragen. Nachdem der Tropfen sich eingesaugt hat werden in die Mitte des Kreises einige Tropfen Wasser aufgegeben. Schmutz und polare Anteile des Öls wandern nach außen und bilden dort dunkle Ringe. Auswertung mit UV Licht zeigt die unpolaren, öligen Anteile.

Speiseöle im Vergleich

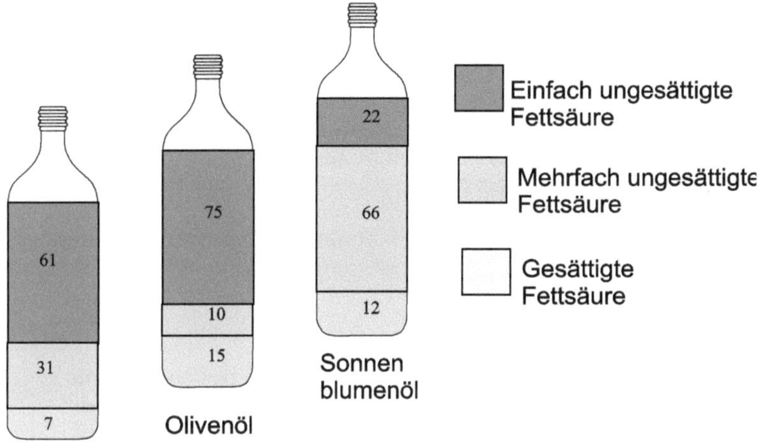

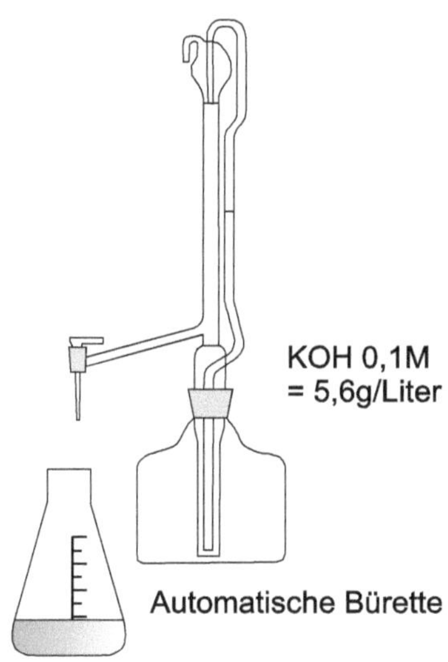

Bestimmung der Säurezahl durch Titration,
mit Kalilauge und Phenolphthalein als Indikator,
auf schwach rosa.

ALKOHOL UND BIER

Alkohol ist chemisch gesehen eine Verbindung, die eine oder mehrere OH Gruppen, an einem oder mehreren Kohlenstoffatomen, hat. Je nach Länge dieser Kohlenstoffketten spricht man von Methanol, Ethanol, Propanol usw. Relevant für alkoholische Getränke ist das Ethanol (Ethylalkohol). Das giftige Methanol (Methylalkohol) darf in Getränken nicht vorhanden sein.

Herstellung

Alkoholische Getränke werden durch einen Gärprozess aus stärkehaltigen Getreide, Kartoffeln oder aus zuckerhaltigem Obst wie Weintrauben, Äpfel, Birnen, Zwetschken oder Marillen erzeugt. Durch entsprechende Temperaturbehandlungen wird aus Stärke Malzzucker und durch Hefe wird aus Zucker Alkohol.

Most Wein und Bier werden direkt getrunken, während höherprozentige Getränke wie Schnaps und Whisky mehrmals destilliert werden und dann auf die Trinkstärke von 38 - 42 Vol% mit Wasser verdünnt werden.

Dichtebestimmung von Spirituosen

Bei hochprozentigem Alkohol gibt es einen Zusammenhang zwischen Dichte in g/ml und dem Alkoholgehalt. Wichtig ist das die Temperatur von 20°C dabei berücksichtigt wird, ansonsten muss eine Korrektur vorgenommen werden.

Die Messung erfolgt mit einer Spindel. In einem Glaszylinder wird der Schnaps eingefüllt und die Spindel eingesetzt. Je weiter die Spindel einsinkt desto geringer die Dichte der Flüssigkeit.

Methanol von Ethanol unterscheiden

Das hochgiftige Methanol wird vom Methanol durch anzünden unterschieden. Während Ethanol mit blauer Flamme brennt , brennt Methanol grünlich.

Bestimmen des Alkoholgehalt in Bier und Wein

Dazu werden genau 100ml Wein oder Bier in einem Erlenmayerkolben gegeben, mit einem Stopfen in dem ein Glasrohr steckt verschlossen und langsam erwärmt. (nicht kochen). Der leichter flüchtige Alkohol destilliert zuerst aus dem Kolben und brennt mit blauer Flamme. Nachdem der gesamte Alkohol entwichen ist, kann man das Bier oder den Wein zurückmessen. Das fehlende Volumen ist der Alkohol.

Hat man die Möglichkeit den Alkohol abzudestillieren, so kann von diesem Destillat die Dichte durch abwiegen bestimmt werden. Zurückrechnen auf die Gesamtmenge und den Gehalt des Weines ist dann leicht möglich.

Zuckergehalt durch Refraktometer Messung

Da aus Zucker bei der Gärung Alkohol entsteht ist der Anteil des Zuckers der noch vorhanden ist wichtig. Einerseits sieht man das Ende der Gärung wenn die Kohlensäureproduktion aufhört, anderseits ist mit einem Refraktometer der Brechungsindex und der Zuckergehalt direkt messbar. Geht auch bei Weintrauben um die Reife zu bestimmen.

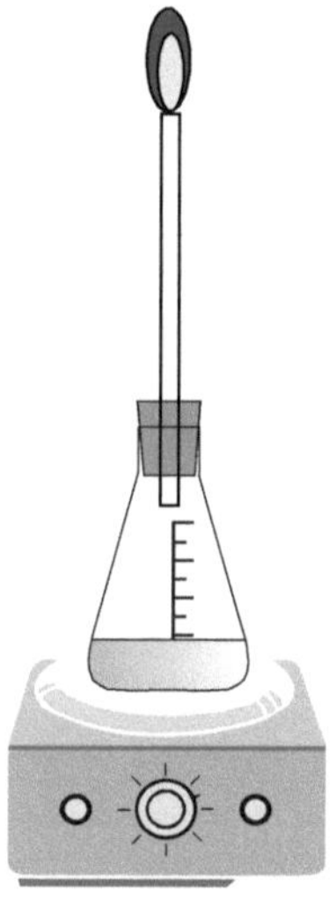

Wasser Ethanol Gemische		
Gew% Ethanol	**Vol% Ethanol**	**Dichte 20°C g/ml**
0,0	0,0	0,99823
1,0	1,3	0,99636
2,0	2,5	0,99275
3,0	3,8	0,99275
4,0	5,0	0,99103
5,0	6,2	0,98938
6,0	7,5	0,98780
10,0	12,4	0,98187
15,0	18,5	0,97514
20,0	24,5	0,96864
25,0	30,4	0,96168
30,0	36,2	0,95382
35,0	41,9	0,94494
40,0	47,4	0,93518
45,0	52,6	0,92472
50,0	57,8	0,91384
55,0	62,8	0,90485
60,0	67,7	0,89113
70,0	76,9	0,86764
80,0	85,4	0,84344
90,0	93,2	0,81797
100,0	100,0	0,78934

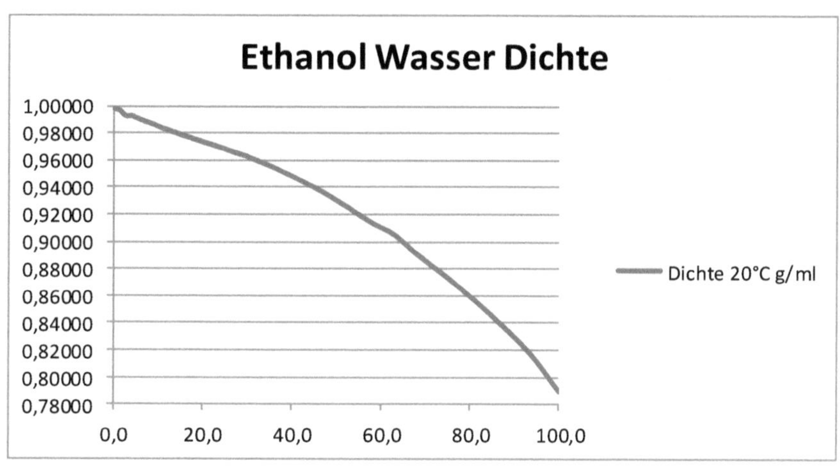

WEIN

Wer bewundert nicht den Weinkenner der nach einem kleinen Schluck Alter,
Herkunft und Rebsorte benennen kann. Hier ein paar Grundlagen zur
sensorischen und chemischen Analyse

Herstellung

Wein wird durch anpressen zu einer Maische verarbeitet, die dann durch Zugabe
von Hefekulturen, zur Gärung gebracht wird. Damit dieser Prozess nicht zu
schnell oder langsam abläuft, wird die Maische gekühlt oder beheizt. Nach
erreichen eines bestimmten Alkoholgehalts, wird der Prozess dann durch
«schwefeln» gestoppt d.h. die Hefebakterien werden abgetötet.
Filtrieren und vor allem die anschließende Lagerung lässt den Wein weiter reifen.

Sensorik

Die Beurteilung von Aussehen, Farbe, Geruchsnoten, Geschmack, Abgang und
den daraus resultierenden Gesamteindruck ist Aufgabe eines Sommeliers. Viel
Übung, das richtige Glas und die richtige Temperatur sind dabei entscheidend.

Wein chemisch

Wein besteht aus Wasser, Mono und Disacchariden, Säuren wie Essigsäure und
Weinsäure sowie Alkoholen wie Ethanol und Glycerin. Für die vielen
Geschmackserlebnisse sind die phenolischen Bestandteile verantwortlich.
Schließlich findet sich auch noch freies oder gebundenes Schwefeldioxid im Wein.

Bestimmen des Zuckergehalts des Traubensaft

Traubensaft wird filtriert und die Dichte mit einer Spindel gemessen. Das Ergebnis
wird in °Öchsle angegeben. Eine Dichte von $1,075g/cm^3$ wird bei Öchsle als
75°OE angegeben.
Wichtig bei der Dichtemessung ist die Temperatur. Für jedes °C weniger als 20°C
werden 0,2°OE abgezogen. Für jedes Grad darüber 0,2°OE dazu addiert.
Zuckergehalt in g/Liter errechnet sich in dem man die °OE mit 2,5 multipliziert.
75°OE entspricht also 187,5g/Liter Zucker.

Bestimmen Alkoholgehalt

Neben dem Abdestillieren und Zurückwiegen kann der Alkoholgehalt auch mit
einem Vinometer bestimmt werden. Dabei wird die Kapillarwirkung gemessen, die
am Größten ist, wenn kein Alkohol im Wasser vorhanden ist. Je mehr Alkohol
umso weniger hält die Kapillarwirkung die Flüssigkeit fest.

Bestimmung der Gesamtsäure

10ml Weißwein in einen Erlenmayerkolben mit 50ml dest Wasser verdünnen. Als
Indikator wird Phenolphtalein zugegeben. Nun wir solange (4g/Liter) 0,1M
Natronlauge zu getropft bis die Lösung leicht rosa bleibt.
Berechnung der Weinsäure:
1000ml 0,1 M Natronlauge entspricht 7,5g Weinsäure
(Mol der Weinsäure ist 150g aber es braucht 2 NaOH um 1 Weinsäure zu
neutralisieren daher die Hälfte und durch 10 weil wir von 0,1 M NaOH ausgehen)
Mein Verbrauch an 0,1Natronlauge (z.b. 12ml) entspricht dann 0,09g
Weinsäure / Liter
7,5*12/1000 =0,09

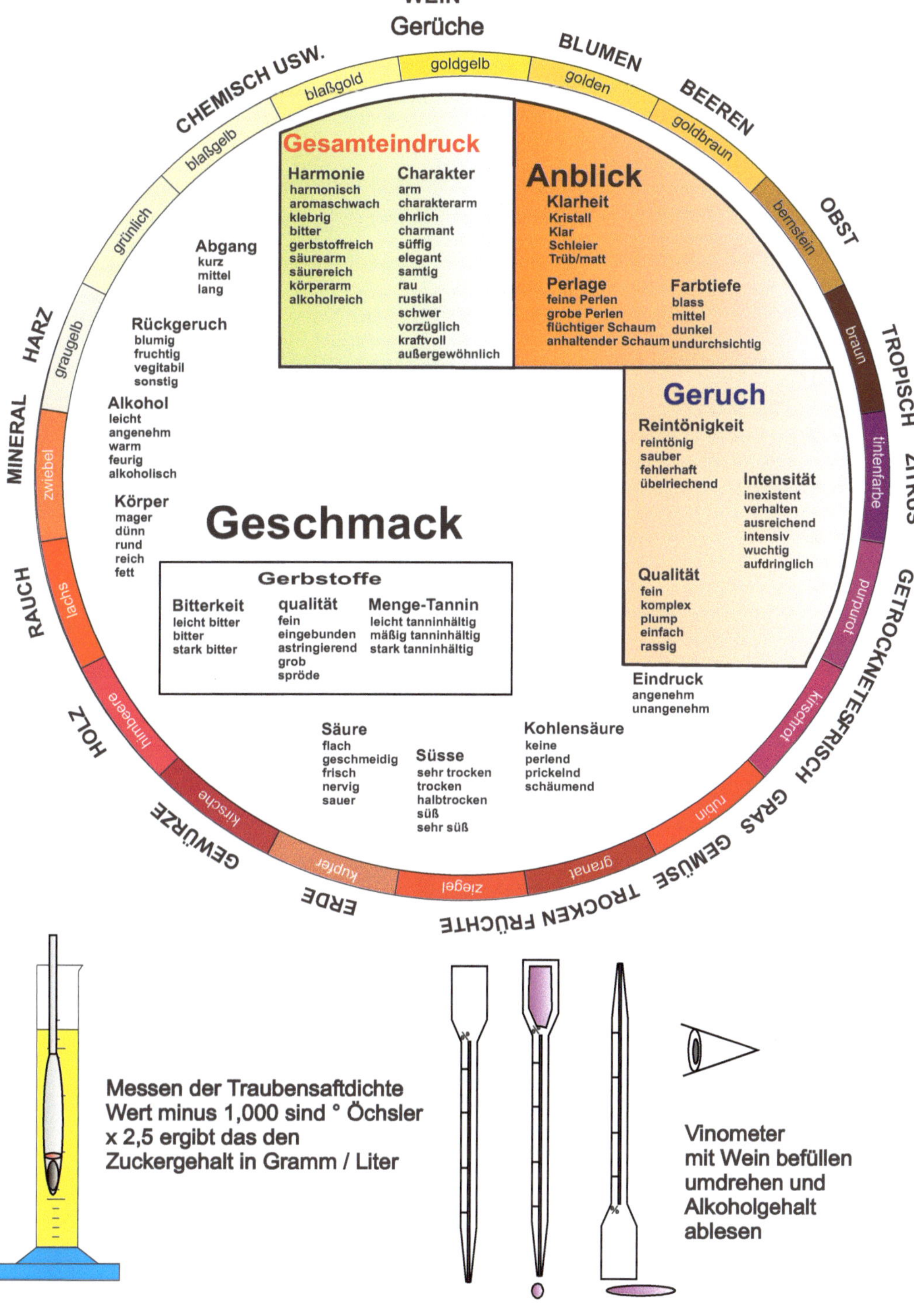

WEIN
Gerüche
CHEMISCH USW.
BLUMEN
BEEREN
OBST
TROPISCH
ZITRUS
GETROCKNETE
FRISCH
GRAS
GEMÜSE
TROCKEN FRÜCHTE
ERDE
GEWÜRZE
HOLZ
RAUCH
MINERAL
HARZ

goldgelb
golden
goldbraun
blaßgold
bernstein
blaßgelb
braun
grünlich
tintenfarbe
graugelb
purpurrot
zwiebel
kirschrot
lachs
rubin
himbeere
granat
kirsche
ziegel
kupfer

Gesamteindruck

Harmonie
harmonisch
aromaschwach
klebrig
bitter
gerbstoffreich
säurearm
säurereich
körperarm
alkoholreich

Charakter
arm
charakterarm
ehrlich
charmant
süffig
elegant
samtig
rau
rustikal
schwer
vorzüglich
kraftvoll
außergewöhnlich

Anblick

Klarheit
Kristall
Klar
Schleier
Trüb/matt

Perlage
feine Perlen
grobe Perlen
flüchtiger Schaum
anhaltender Schaum

Farbtiefe
blass
mittel
dunkel
undurchsichtig

Abgang
kurz
mittel
lang

Rückgeruch
blumig
fruchtig
vegitabil
sonstig

Alkohol
leicht
angenehm
warm
feurig
alkoholisch

Körper
mager
dünn
rund
reich
fett

Geschmack

Gerbstoffe

Bitterkeit
leicht bitter
bitter
stark bitter

qualität
fein
eingebunden
astringierend
grob
spröde

Menge-Tannin
leicht tanninhältig
mäßig tanninhältig
stark tanninhältig

Geruch

Reintönigkeit
reintönig
sauber
fehlerhaft
überriechend

Intensität
inexistent
verhalten
ausreichend
intensiv
wuchtig
aufdringlich

Qualität
fein
komplex
plump
einfach
rassig

Eindruck
angenehm
unangenehm

Säure
flach
geschmeidig
frisch
nervig
sauer

Süsse
sehr trocken
trocken
halbtrocken
süß
sehr süß

Kohlensäure
keine
perlend
prickelnd
schäumend

Messen der Traubensaftdichte
Wert minus 1,000 sind ° Öchsler
x 2,5 ergibt das den
Zuckergehalt in Gramm / Liter

Vinometer
mit Wein befüllen
umdrehen und
Alkoholgehalt
ablesen

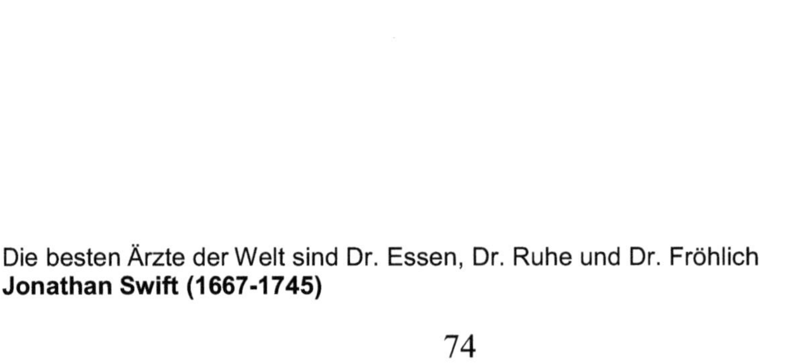

Die besten Ärzte der Welt sind Dr. Essen, Dr. Ruhe und Dr. Fröhlich
Jonathan Swift (1667-1745)

4 Gesundheit und Medizin

Gesund sein und bleiben ist ein Anliegen das an keinem vorbeigeht. Die Medizin entscheidet oft, anhand von Blut oder Urinwerten, ob wir krank oder gesund sind. Nichts ist so vermessen wie unser Körper. Vitamine, Medikamente oder Fitnessdrinks steigern unser Wohlbefinden. Ob Fieber, Blutzucker, Blutdruck, Alkohol oder Drogenkonsum, alles lässt sich zu Hause leicht selbst bestimmen.

Seit jeher versucht die Medizin den Zustand eines Menschen zu definieren. Mit Beobachtungen, Messungen und Erfahrungen wird ein Arzt zum Diagnostiker. Haltung, Hautfarbe, Geruch und Messwerte wie Größe, Gewicht, Temperatur, Puls oder Blutdruck geben erste Hinweise auf Krankheiten. Dieses Buch will keine Diagnosen stellen sondern lediglich die Messungen und Messwerte durchleuchten.

Was ist Gesundheit

Als Gesundheit wird der Zustand des körperlichen und geistigen Wohlbefindens, in dem alle Teile und Organe des Körpers intakt sind und funktionieren, definiert. Gesundheit ist ein sehr subjektiver Begriff und stellt einfach den Gegenpol zu Krankheit dar. Die Frage bleibt bin ich gesund, wenn ich mich wohlfühle, oder bin ich schon krank, wenn mein Cholesterin erhöht ist?

Größe und Gewicht

Die ersten Messungen an uns werden sofort nach der Geburt in eine Urkunde eingetragen. Größe in cm und Gewicht in Gramm oder später in Kilogramm. Früher wurde die einfache Formel, Zentimeter über einen Meter Körpergröße, waren das Normalgewicht, das mit 10% plus oder minus schwanken durfte. Heute wird das „gesunde" Verhältnis von Größe und Gewicht mit dem BMI angegeben und soll zeigen ob ein Mensch über- oder untergewichtig ist.

Berechnung des Body Mass Index:
Gewicht in kg / Größe in m²
Beispiel: Ein Mann wiegt 80kg und ist 1,72m groß dann beträgt sein BMI 80 / (1,72*1,72) = 27,0.Er ist damit übergewichtig. (siehe Tabelle) 77kg wäre die Höchstgrenze. Bei einer Frau 74kg. Der ideale BMI Wert liegt bei Frauen zwischen 19-24 und bei Männer zwischen 20-25. Darunter spricht man von Untergewicht, oder sogar Magersucht, darüber von Übergewicht und über 30 von Adipositas.

Berechnung des WHtr
Bauchumfang / Größe
Beim WHtr wird der Bauchumfang (knapp über dem Bauchnabel) mit der Größe verglichen. Außerdem wird dabei die Fettverteilung im Körper mehr berücksichtigt als beim BMI.
Die Formel ist einfacher als BMI
Größe in cm/ Bauchumfang in cm.

Die Grenzwerte gelten für Männer und Frauen. 0,40-0,50 Normalgewicht bei unter 40 Jährigen. (siehe Tabelle) Für über 50 Jährige erhöhen sich alle Werte um 0,1, für Jugendliche sind sie um 0,05 niedriger.

BMI Bewertungs Tabelle		
BMI männlich	BMI weiblich	
<20	<19	Untergewicht
20-25	19-24	Normalgewicht
26-30	25-30	Übergewicht
31-40	31-40	Adipositas
>40	>40	schwere Adipositas

BMI Gewicht in kg / Größe in Meter^2

$$BMI = 78 / 1{,}73 * 1{,}73 = 26{,}1$$

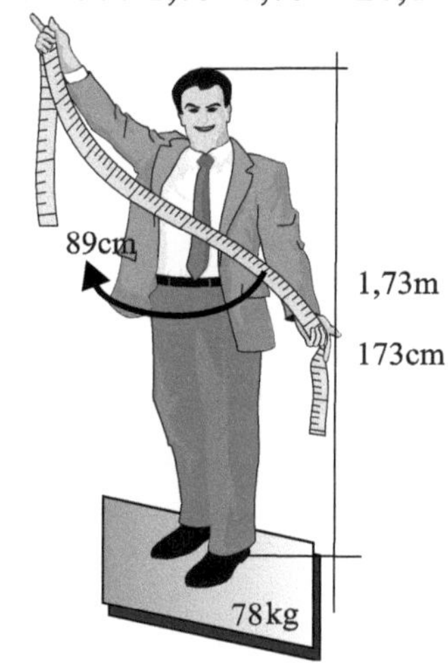

Whth = Bauchumfang / Größe

$$Whth = 89 / 173 = 0{,}51$$

WHth Auswertung		
min	max	Gewichtsbeurteilung
<	0,4	Untergewicht
0,4	0,5	Normalgewicht
0,51	0,56	Übergewicht
0,57	0,68	Adipositas
>	0,68	schwere Adipositas

TEMPERATUR, BLUTDRUCK, PULS

Temperatur
Die normale Körpertemperatur liegt bei 36,3-37,4 °C. Zum Messen gibt es ein Fieberthermometer.
Der Körperkerntemperatur am nächsten, ist die Rektaltemperatur. Bei Messungen unter der Achsel oder im Mund sind 0,5°C dazuzuzählen. Auch im Tagesverlauf und bei Aktivität steigt die Körpertemperatur an, beim Schlafen sinkt sie ab (bis zu 2°C). Während unter 20°C der Kältetod eintritt, ist die obere Grenze max. 44°C, da sich dann das Eiweiß im Körper zersetzt. Prinzipiell ist Fieber immer ein Zeichen des Körpers einer schweren Erkrankung.
Alle Werte gelten für den Körperkern, Finger oder Zehne könne auch auf bis zu 5°C abkühlen ohne Schaden zu erleiden. (siehe Tabelle)

Systolischer Blutdruck und diastolischer Blutdruck.
Das Herz pumpt das Blut stoßartig durch den Körper. Jedes Mal wenn die linke Herzkammer das Blut in die Aorta pumpt, steigt der Blutdruck auf den Maximalwert an. Dieser Höchstwert ist der systolische Blutdruckwert. Das Herz muss sich dann auf den nächsten Stoß vorbereiten und der Druck fällt inzwischen ab auf den niedrigsten Blutdruckwert, den diastolischen Wert. Generell muss man sich den Blutdruck wellenförmig vorstellen zwischen hoch und tief hin und her schwankend.

Messung Blutdruck
Ein weiterer Wert, der von Arzt oder mit entsprechenden Messgeräten gemessen werden kann, ist der Blutdruck. Geräte gibt es für Oberarm oder Handgelenks Messung. Wichtig dabei, die Pulserkennung (Stethoskop), muss richtig angebracht sein.
Die Ergebnisse zeigen den systolischen und diastolischen Blutdruck mmHg und den aktuellen Puls in Schläge pro Minute an.
Welche Werte als unbedenklich gelten ist in der Tabelle ersichtlich.
Wie kann ein zu hohen Blutdruck gesenkt werden ist kurz angedeutet.

Puls und Fitness
60-80 mal pro Minute stößt unser Herz Blut in die Aorta, das sind im Leben eines 80jährigen immerhin 3000000000 (3 Milliarden) mal. Je mehr die Belastung ist, desto mehr steigt ihre Herzfrequenz und damit der Puls an. Der Puls wird mit Pulsmesser oder Uhr, am Handgelenk oder besser an der Halsschlagader bestimmt.

Ermitteln Sie ihren Ruhepuls und ihren Maximalpuls.
Der Ruhepuls ist jene Messung, die sie am Morgen noch bevor sie aufstehen, durchführen können. Sollte dieser Puls an einem anderen Tag erhöht sein, so könnten sie krank sein oder sie haben sich am Vortag zu sehr angestrengt.
Der Maximalpuls ist grob nach der Formel, 220 minus Lebensalter, errechenbar. Diesen Puls sollte man aber nur bei Extrembelastung erreichen. Normalerweise sind 65-80% dieses Wertes bei einem Training sinnvoll. Spitzensportler wie Läufer erreichen bei einem Tempolauf 90% ihres Maximalpulses.
Ein 25 Jähriger Spitzensportler hat einen Maximalpuls von 220-25= 195 kann bei einem lockeren Dauerlauf 70% Puls haben das sind ca.130 während er beim Zieleinlauf 90 % das sind 170 Puls erreichen kann.

Temperaturen und Hinweise

Temp.	Bezeichung	Temp.	Bezeichung
<20°C	Kältetod	38,1-38,5°C	leichtes Fieber
<27°C	Herzrythmusstörungen kann tödlich sein	38,6 - 39,0°C	Fieber
33°C	Unterkühlung	39,1-39,9°C	hohes Fieber
35°C	Untertemperatur	40-42°C	sehr hohes Fieber
36,3-37,4°C	Normaltemperatur	42°C	Kreislaufversagen
37,5-38,0°C	erhöhte Temperatur	44°C	Denaturierung von Enzymen und Proteinen, Tod

Blutdruck Grenzwerte

	systolisch (mmHg)	diastolisch (mmHg)
optimaler Blutdruck	< 120	< 80
normaler Blutdruck	120-129	80-84
hoch-normaler Blutdruck	130-139	85-89
milde Hypertonie (Stufe 1)	140-159	90-99
mittlere Hypertonie (Stufe 2)	160-179	100-109
schwere Hypertonie (Stufe 3)	>= 180	>= 110

Faktoren die den Blutdruck senken

10 kg Abnehmen	5-22mmHg
Fettarme Ernährung	8-14mmHg
Natrium(=Salz)reduktion	2–8 mm Hg
körperliche Aktivität	4–9 mm Hg
Alkoholkonsum reduzieren	2–4 mm Hg

BLUT UND MESSWERTE

Blut ist ein ganz besonderer Saft. Das Blut erfüllt im Körper wesentliche Aufgaben wie Stofftransport, Abwehr von Krankheitserregern, Wundverschluss und Wärmeverteilung.

Bestandteile: Blutzellen, die sich im Knochenmark und in den platten Knochen wie Brustbein oder Beckenrand bilden, und Blutplasma sind die Hauptbestandteile. Außerdem sind im Blut noch Fett, Zucker, Kochsalz, Proteine und natürlich 50%Wasser enthalten.

Zu den Blutzellen zählen:

Rote Blutkörperchen (Erythrozyten) die für den Sauerstofftransport zuständig sind. Weiße Blutkörperchen (Leukozyten) die für Immunsystem und Krankheitserregerbekämpfung zuständig sind und Blutplättchen die für Wundheilung verantwortlich sind.

Blutgruppen:

Neben den Bestandteilen des Blutes hat jeder Mensch eine bestimmte Blutgruppe. A, B, AB oder 0 Null. Zuständig dafür sind verschiedene Antigene an der Oberfläche der Erythrozyten. Daher ist es wichtig, dass die Blutgruppe eines Spenders auf die des Empfängers abgestimmt ist.

Rhesusfaktor:

Ein weiteres Merkmal des Blutes ist ein Antigen das bei Rhesusaffen entdeckt wurde. Auch beim Menschen kann dieses Antigen an den Erythrozyten angedockt sein. Ist dieses Antigen vorhanden, so spricht man von Rhesusfaktor positiv, wenn nicht dann negativ.

Sowohl die Blutgruppe, wie auch der Rhesusfaktor, sind entscheidende Faktoren ob eine Bluttransfusion durchgeführt werden kann.

Wichtige Blutwerte vom Arzt:

Eine Liste von 20 und mehr Werten wird heute bei einer Blutabnahme standardmäßig, vom Arzt in Speziallabors, durchgeführt. Aussagen über Krankheiten oder Risikofaktoren werden daraus getroffen.

Die Grenzwerte müssen für Männer und Frauen getrennt betrachtet und auf die Maßeinheiten wird aus Vereinfachungsgründen verzichtet.

Aussagen zum Blutbild, Zustand von Niere, Galle, Leber, Schilddrüse sowie Fettstoffwechsel, Zuckerstoffwechsel oder Mineralstoffe ist daraus möglich.

Blutanalyse

Größere Mengen venöses Blut darf nur vom Arzt abgenommen werden. Blutanalysen die man selbst zu Hause durchführt, beschränken sich auf kleine Tropfen aus der Fingerkuppe, die man nur selbst stechen darf und nie bei anderen Personen.

Erste Hinweise auf verschiedene Bestandteile von Blut erhält man durch beobachten einer kleinen Menge Blut (geht auch mit Tierblut) und längeres stehenlassen bei Raumtemperatur. Am Boden sammelt sich die rote Masse von Blutzellen, darüber eine leicht trübe Flüssigkeit von Blutplasma und dazwischen eine dünne Schicht der weißen Blutkörperchen.

Blutzucker, Cholesterol selber messen

Blutzuckermessgeräte mit Messstreifen werden heute in jedem Supermarkt angeboten. Mit diesen Geräten kann, mit verschiedenen Messstreifen, auch die Messungen von Cholesterin selbst durchgeführt werden.

Zusammensetzung des Blutes	
Wasser	49,50%
Fett, Zucker, Kochsalz	1,09%
Weisse Blutkörperchen	0,07%
Rote Blutkörperchen	42,80%
Eiweiss Proteine	4,40%
Blutplättchen	2,14%

Blutwerte und Abweichungen		
Wert Bezeichung	Frauen Normalwert	Mann Normalwert
Leucozyten(weiße Blutkörperchen)	4000-9400	4000-9400
Erythrozyten (rote Blutlkörperchen)	4,2-5,4	4,6-6,2
Hämoglobin (roter Blutfarbstoff)	12,5-17,0	14,0-18,0
Hämatokrit(zellulärer Anteil im Blut)	35-47	40-52
Thrombozyten (Blutplättchen)	130-400	130-400
Blutsenkung (BSG)	3-15	3-15
Harnstoff (Nierenfunktion)	10-50	10-50
Harnsäure (Gicht)	1,5-5,7	2,0-7,0
Glucose (Blutzucker nüchtern)	65-115	65-115
Cholesterin (Fettstoffwechsel)	100-200	100-200
HDL Cholesterin ("gut")	>40	>40
LDL Cholesterin ("schlecht")	<150	<150
Triglyceride (Neutralfett)	40-200	50-200
Billirubin (Gallenfarbstoff)	<1,0	<1,0
GOT (Leberwerte)	<31	<35
GPT	<34	<45
µGT (Leber Alkohol)	<38	<55
LDH	<245	<245
Natrium	134-150	134-150
Kalium	3,8-5,0	3,8-5,0
Calcium	2,1-2,65	2,1-2,65
TSHasal (Schilddrüse)	0,30-4,50	0,30-4,50

BLUTGRUPPE UND VERWANDTSCHAFT

Wie von Karl Landsteiner 1901 entdeckt, hat der Mensch verschiedene Blutgruppen. Mischt man unterschiedliche Gruppen zusammen so kann es sein, das das Blut verklumpt. Eine solche Verwechslung würde zum Schock und Tod führen.

Welcher Spender passt zu welchem Empfänger?

Unabhängig von dieser „Notfalls Liste" ,wird heute jene Blutgruppe und jener Rhesusfaktor verabreicht, der genau dem des Patienten entspricht.

Spender	Empfänger			
	A	B	AB	0
A	ok	Nicht erlaubt	ok	Nicht erlaubt
B	Nicht erlaubt	ok	ok	Nicht erlaubt
AB	Nicht erlaubt	Nicht erlaubt	ok	Nicht erlaubt
0	ok	ok	ok	ok

Blutgruppe selbst bestimmen

In der Apotheke wird ein Schnelltest angeboten der in wenigen Minuten die Zuordnung der Blutgruppe und des Rhesusfaktors erlaubt. Dabei wird auf Antigene, die auf einem Karton aufgebracht sind, eine winzige Menge Blut aufgestrichen. Das Ergebnis kann an Vergleichstabellen abgelesen werden. (Beispiel. Blutgruppe Schnelltest Eldon Home Kit HKA 2511-1, 1 St 18€)

Blutgruppe als Elternschaftsnachweis

Vaterschaft überprüfen wird heute mit einem aufwendigen GEN Test durchgeführt. Aussagen dazu erhält man aber auch durch plausible Beobachtungen oder Blutgruppenvergleiche von Mutter und Vater.
Haarfarbe, Augenfarbe, Hautfarbe oder Körpergröße sind erste wichtige Zeichen. Zwei blauäugige Partner haben Kinder mit blauen Augen. Aber trotzdem können Partner mit braunen Haaren blonde Kinder zeugen.
Ein echtes Ausschlussverfahren ergibt sich aus den Blutgruppen und Rhesusfaktoren. Dieser Vergleich zeigt vor allem, was nicht möglich ist.
Partner mit O neg. haben Kinder mit O neg. (Besser gesagt die anderen Gruppen werden damit ausgeschlossen)
Während Partner A und B pos. oder neg. praktisch alle Kombination möglich machen ist bei 0 zu 0 oder A zu A oder B zu B die Auswahl schon erheblich eingeschränkt.

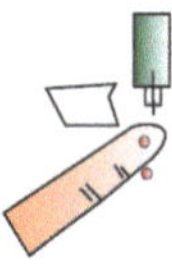

a)Ringfingerkuppe sterilmachen mit Tupfer
b) stechen und Arm nach unten halten
c) Felder auf Karte mit Wasser anfeuchten
d) Blut auf die Felder auftragen mit jeweils frischen Spatel
e) 2 Minuten warten und das Ergebnis an der Tabelle ablesen

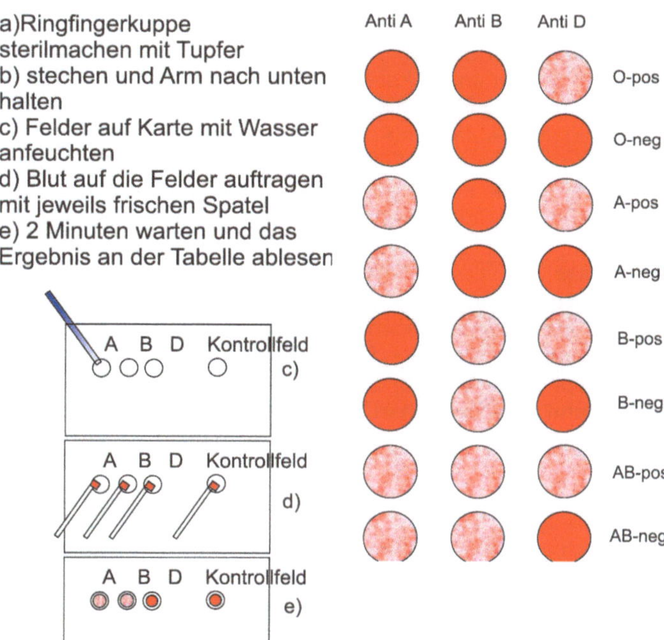

Mögliche Blutgruppen der Kinder				
Blutgruppe der Eltern	**A**	**B**	**AB**	**0**
A und A	93,75%			6,25%
A und B	18,75%	18,75%	56,25%	6,25%
A und AB	50,00%	12,50%	37,50%	
A und 0	75,00%			25,00%
B und B		93,75%		6,25%
B und AB	12,50%	50,00%	37,50%	
B und 0		75,00%		25,00%
AB und AB	25,00%	25,00%	50,00%	
AB und 0	50,00%	50,00%		
0 und 0				100,00%

VITAMINE UND PRÄPARATE

Vitamine sind essentielle Lebensmittelbestandteile die für die Funktion des Organismus notwendig sind. Vor allem die Wahl der Nahrungsmittel und die Zubereitung spielen dabei eine wesentliche Rolle. Schonende Zubereitung wie Dünsten oder Dämpfen kann den Verlust deutlich minimieren.
Es sind 13 wichtige Vitamine bekannt und sie werden in fettlösliche und wasserlösliche Vitamine unterschieden.
Generell wird von der Deutschen Forschungsanstalt für Lebensmittelchemie davon ausgegangen, dass es in Mitteleuropa keine Unterversorgung beim gesunden Menschen und normaler Ernährung gibt. Anders kann das bei Hochleistungssportlern, Schwangeren oder kranken Menschen aussehen.

Vitaminpräparate

Jahrzehntelang werden Vitaminpräparate als besonders gesund und wichtig angepriesen. Studien zeigen jedoch in letzter Zeit, dass künstliche Vitamine nicht nur unwirksam sind, sondern auch Erkrankungen, wie Krebs, fördern können. Selbst das so gepriesene Vitamin C (Ascorbinsäure), kann nicht halten was es verspricht. Es kann auch bei hohen Dosen keine Erkältungen verhindern, oder früher beenden. Allerdings ist Ascorbinsäure auch in höheren Dosen nicht schädlich.

Täglich notwendiger Vitaminbedarf

Wurde 1991 noch 0,160mg Folsäure empfohlen, sind es heute 0,4mg. Wie weit wirtschaftliche Interessen hinter solchen Empfehlungen stehen, kann nur vermutet werden.
Unterschiede im Vitaminbedarf sind jedenfalls zwischen Mann, Frau und Kind.
Bei Info im Netz, ist immer auch auf ökonomische Interessen, wie Verkauf von Vitaminpräparaten, zu achten. (www.gesund.co.at)

Vitamine in Lebensmitteln

Genau dort gehören Vitamine hin in unsere Nahrungsmittel. Welche Aufgaben und welche natürlichen Quellen es für Vitamine gibt, ist aus der Tabelle ersichtlich. Studien zeigen außerdem, dass von 1985 bis heute, durch das schnellen Wachstum von Gemüse und Obst, der Gehalt an Vitaminen und Mineralstoffen um bis zu 60% zurückgegangen ist.

Vitamin C Nachweis

1 Vitamintablette wird zerrieben, mit genau 100ml Wasser versetzt und 5 Minuten geschüttelt. Die Lösung wird auf Ascorbinsäure mit einem Teststreifen getestet. Außerdem lässt sich Ascorbinsäure mit dem Benedict Reagenz nachweisen. Die Vitamintabletten-Lösung alkalisch machen, Reagenz zugeben und ein Farbumschlag von blau auf orange zeigt Ascorbinsäure (oder Zucker) an.

Riboflavin Nachweis im UV Licht

Riboflavin wird gerne als Farbstoff verwendet und ist nach dem Auflösen in Wasser im UV Licht (366nm) als grün fluoreszierendes Leuchten sichtbar.

VITAMINE UND PRÄPARATE

Vitamine Bedarf / Löslichkeit / Kochverlust			
	soll pro Tag Mann/Frau	Löslichkeit	Kochverluste in %
A=Retinol	1,0/0,8mg	fettlöslich	0-40
E=Tocopherol	14/12mg	fettlöslich	0-55
B1=Thiamin	1,2/1,0mg	wasserlöslich	0-80
B2=Riboflavin	1,4/1,2mg	wasserlöslich	0-75
B6=Pyridoxin	1,5/1,2mg	wasserlöslich	0-60
B12=Cyanocobalamine	0,003mg	wasserlöslich	0-50
Folsäure	0,4mg	wasserlöslich	0-100
Niacin=Nicotinamid	16/13mg	wasserlöslich	0-70
Pantothensäure	6mg	wasserlöslich	0-50
Biotin	0,03-0,06mg	wasserlöslich	0-60
C=Ascorbinsäure	100mg	wasserlöslich	0-100
D=Calciferol	0,005mg	fettlöslich	0-40
K=Phytomenadion	0,07/0,06mg	fettlöslich	0-5

Bedarf und Verlust beim Kochen von Lebensmitteln

Lebensmittel und Vitamine µg in 100g													
	Voll milch	Emmen taler	Hühne rei	Butter	Kotlett Kalb	Rinder filet	Kotlett Schwein	Leber Schwein	Forelle	Roggen brot	Kartof fel	Kopf salat	Weiß kraut
A	30	320	220	590				40000	45				
E	85	645	740	2000		230		170			60	440	1700
B1	35	50	100	5	140	100	800	310	85	180	110	60	50
B2	180	340	310	20	260	130	190	3170	75	110	45	80	45
B6	45	65	120	5	400	500	390	590				55	110
B12	0	2	2		2	2	1	40					
Folsäure	6	4	65		5	10	9	220		16	7	35	80
Nicotinamid	0	180	85	35	6500	4600	4300	16000	3410	920	1220	320	320
Pantothensre.	0	400	1600	45	850	1000	680	7000		470	400	110	260
Biotin	4	3	25			5	5	25				2	
C	2000	500	0	200				25000			17000	13000	45000
D	0,06	1	2	1									
K	4	0	45	60				25			50	200	250

Lebensmittel enthalten oft mehr Vitamine als Vitaminpräparate

SCHNELLTEST IM URIN

Um Erkrankungen schon früh zu erkennen, bietet sich für den Arzt und auch für den interessierten Laien, die Möglichkeit im Urin einiges zu analysieren. Rasch und unkompliziert mit Teststreifen, die mehrere Testfelder für Analysenwerte besitzen.
Neben dem Teststreifen ist jedoch auch aus Farbe, Klarheit und Geruch des Urins, eine Diagnose möglich.

Probe und Durchführung
Der Urin wird in einem sauberen Gefäß aufgefangen (Einwegbecher) und muss sofort analysiert werden.
Den Teststreifen aus der Box nehmen, die Testfelder dabei nicht berühren und die Testfelder für 1 Sekunde in den Urin tauchen. 60 Sekunden warten und die Ergebnisse ablesen indem man die Farben mit der Farbskala an der Box vergleicht.

Dichte (soll 1020-1030 g/l) und **pH Wert** (soll 4,5-8)
Die Urindichte zeigt die Konzentration der gelösten Stoffe an. Damit gibt sie auch einen Hinweis auf die Leistung der Nieren oder auf die Flüssigkeitszufuhr.
Der pH Wert ist von Faktoren wie Ernährung oder Erkrankungen abhängig und kann in weiten Bereichen schwanken.

Leukozyten (soll negativ oder <20/µl)
Mit diesem Feld werden Entzündungen, im Bereich Niere und Harnwege, angezeigt.

Nitrit (soll negativ)
Dieser Wert zeigt indirekt Bakterien und Harnwegsinfekte an, weil Bakterien das vorhandene Nitrat zu Nitrit umwandeln.

Eiweiß, Proteine (soll negativ <10mg/dl)
Das Auftreten von Proteinen im Harn ist ein sehr unspezifisches Symptom und kann auf Nierenerkrankung, aber auch auf Erhitzung oder Unterkühlung hinweisen.

Glukose (soll negativ <30mg/dl)
Mit diesem Testfeld erhält man Hinweise auf eine Zuckerkrankheit. (Diabetes mellitus). Da die Niere jedoch eine bestimmte Grenze an Glucose zurückhalten, ist der Blutwert aussagekräftiger.

Urobilinogen (soll negativ <1mg/dl) **Bilirubin** (soll negativ <0,2mg/dl)
Urobilinogen ist ein Abbauprodukt von Bilirubin und dieses ist ein Abbauprodukt vom roten Blutfarbstoff dem Hämoglobin. Wird Urobilinogen im Urin nachgewiesen so ist die Funktion der Leber wahrscheinlich eingeschränkt. Bei Bilirubin Nachweis kann man von einer Ikterus (Gelbsucht) Erkrankung ausgehen.

Blut (soll negativ 0-5 Ery/µl)
Bei Blutnachweis im Urin ist von einer Nieren oder Harnwegserkrankung auszugehen.

Bei allen positiven Ergebnissen ist ein Arztbesuch für eine weitere Diagnose unerlässlich!

Urinfarbe / Trübung / Geruch	
Farbe	**mögliche Ursache**
mittelgelb	gesund
farblos - blassgelb	stark verdünnt durch viel trinken, Diabetes,
dunkelgelb - orange	mangelnde Harnausscheidung, Fieber, Nierenerkrankung
grellgelb	Medikamente oder Vitamin B12
rötlich - rotbraun	Blut im Urin
gelbbraun	Galle, Bilirubin, Leberfunktionsstörung
blaugrün	Medikamente, Nahrungsmittel
trüb	vegetarische Ernährung, vermehrt Leukozyten oder Bakterien
Acetongeruch	Diabetes
Ammoniak oder Schwefelgeruch	Entzündung im Harnwegsbereich

Urinuntersuchung Referenz	
Messwert	**Normalwert**
Dichte	1020-1030 g/l
pH	4,8-7,4
Leukozyten	neg <10 Zellen/µl
Nitrit	neg
Protein	neg <10mg/dl
Glukose	neg <30mg/dl
Keton	neg <5mg/dl
Urobilinogen	neg <1mg/dl
Bilirubin	neg <0,2mg/dl
Blut	neg 0-5 Ery/µl

Was sind Hormone?

Neben den Vitaminen und Mineralstoffen sind Hormone wichtige Bausteine des lebenden Organismus. Hormone sind einfache chemische Botenstoffe, die von Zellen erzeugt werden, um in anderen Zellen biologische Prozesse auszulösen. Die bekanntesten Hormone sind, das Sexualhormon des Mannes, das Testosteron und das weibliche Gegenstück dazu, die Östrogene. Aber auch Zuckerstoffwechsel, Fettstoffwechsel, Menstruationszyklus, Angst und Stress, wird durch chemische Regelkreise mit Rückkopplungen, beeinflusst.

Messung von Östrogen und Testosteron

Die Tatsache, dass Menschen unterschiedliche Längenverhältnisse bei Ring- und Zeigefinger aufweisen ist seit 120 Jahren bekannt. Warum das so ist wurde in Studien an Mäusen festgestellt. Entscheidend dafür ist die Hormonaktivität, während beim Fötus im Mutterleib die Finger entwickelt werden. Hohes Testosteron lässt den Ringfinger wachsen. Daher haben Männer im Durchschnitt einen längeren Ringfinger als Zeigefinger, bei Frauen ist das umgekehrt. Daraus lässt sich, unabhängig vom Geschlecht, ein Verhältnis von Testosteron und Östrogenen, am Fingerverhältnis, Ring zu Zeigefinger ablesen. Außerdem wird in Studien nachgewiesen das Sportlichkeit, Durchsetzungsvermögen, aber auch Herzinfarkt, eben männliche Eigenschaften, im Zusammenhang mit der Fingerlänge (Testosteron) steht.

Hormon und Schwangerschaft

Ein anderes Hormon das unser Leben beeinflusst, ist jenes das den Zyklus der Frau und damit die Schwangerschaft begleitet. Das weibliche Gelbkörperhormon (Progesteron). Carl Djerassi patentierte 1951 einen Progesteron Abkömmling der genau diesen Zyklus beeinflusste. 1960 wurde die „Pille" erstmalig in der USA als Verhütungsmittel zugelassen. Heute gibt es neben diesem Hormon verschiedene Mischungen, aus Gestaden und Östrogen, die den Eisprung und damit die Befruchtung verhindern. Auch Verhütungspflaster werden angeboten, die aufgeklebt auf die Haut, die entsprechenden Wirkstoffe 7 Tage lang abgeben.

Schwangerschaftstest

Schwangerschaftstests, die um wenige Euro in jedem Drogeriemarkt erhältlich sind, sind Teststreifen die im Urin, die Unterform eines Hormons ß-hCG messen. Dieses Hormon, wird wenige Tage nach der Schwangerschaft produziert und zeigt eine Befruchtung durch Farbumschlag eines Testfeldes an. Aus dem erhaltenen ß-hCG Wert kann in den ersten 10. Wochen auf die Schwangerschaftswoche rückgeschlossen werden, da der Wert am Beginn der Schwangerschaft ständig ansteigt. Ein richtiges Testergebnis ist bei allen Tests nach dem Ausbleiben der Menstruation zu erwarten. Frühere Testergebnisse sind mit Vorsicht zu bewerten. Der Morgenurin ist die verlässlichste Probe da sie konzentrierter ist. Der Farbumschlag erfolgt, je nach Test, nach 60-120 Sekunden. Bei einem positiven Testergebnis ist der Gang zum Frauenarzt empfehlenswert.

HORMONE

Kleine Auswahl an Hormonen im menschlichen Körper		
Hormon	Herkunft	Aufgaben
Adiuretin	Hypotalamus	reguliert osmotischen Druck
Adrenalin, Noradrenalin	Nebennierenmark	Stress, Flucht
Aldosteron	Nebennierenrinde	Wasserhaushalt
Androgene	Nebennierenrinde	Sammelbegriff für männliche Sexualhormone
Endorphine	Hypophyse	natürliches Opium, Gehirn, Antrieb
Gastrin	Magenschleimhaut	steuert Magenbewegung und Säureproduktion
Glucagon	Bauchspeicheldrüse	Gegenspieler zum Insulin
Insulin	Bauchspeicheldrüse	senkt den Blutzuckerspiegel
Kortison, Kortisol	Nebennierenrinde	Abbau von Gewebe, Antiallergische Effekte
Melatonin	Zirbeldrüse	schlaffördernd "innere Uhr"
Östrogene	Eierstöcke	weibliches Geschlechtshormon
Oxitocin	Hypothalamus	auslösend für Geburt und Muttermilch
Progesteron	Gelbkörper	weibliches Geschlechtshormon für die fruchtbaren tage
Sektretin	Dünndarm schleimhaut	regt Gallenflüssigkeit und Bauchspeicheldrüse an
Serotonin	Leber, Milz, Darm, Zentrales Nervensystem	Wach-Schlaf Rhythmus, Nahrungsaufnahme, Stimmungslage uvm.

Welches Hormon steuert welche Funktionen und Stimmungen?

KLEINES DROGEN ABC I

Drogen und Rauschmittel sind mit Chemie enge verbunden. Dass Drogen illegal sind, den Körper abhängig machen und schwer schädigen, ist bekannt. Hier wird jedoch nur auf die bekanntesten Drogen und nur auf den chemischen bzw. analytischen Aspekt eingegangen. Wie werden Drogen hergestellt, welche Wirkung erzeugen sie, und wie kann man sie unterscheiden?

Gruppen von Rauschmittel

Unterschieden werden Drogen nach ihrer Wirkungsweise, oder nach ihren Ausgangstoffen.
Einteilung erfolgt in pflanzliche oder synthetische Drogen bzw. nach ihrer Wirkung, in dämpfende, euphorisierende, aufputschende oder halluzinogene Drogen.

Pflanzliche Drogen

Pflanzliche Drogen werden aus der Hanfpflanze, aus Mohn, oder aus der Kokapflanze gewonnen. Aber auch Pilze und verschiedene Kräuter werden von Suchtsuchenden ausprobiert. Auf Grund der schlechten Dosierbarkeit ein gefährliches Unterfangen.

Cannabis (Haschisch, Marihuana)

Wird aus der Hanf Pflanze gewonnen. Der enthaltenen Wirkstoff THC (Tetrahydrocannabinol) ist vor allem in den weiblichen Blütenständen enthalten. Aber auch die Blätter und der Stängel der Pflanze können geraucht werden (Marihuana) bzw. der Wirkstoff wird aus der Pflanze herausgelöst (extrahiert). Als Lösungsmittel wird Aceton, Ethanol oder n-Butan verwendet. Das Lösungsmittel wird abgedampft und zurück bleibt ein schlammfarbiges bis braunes Harz.
Wirkung: Halluzinogen. Wahrnehmung wie Farben, Musik, räumliche Bezüge werden verändert. Die Grundstimmung wird verstärkt.
Risiko: Es kommt zu einer psychischen Abhängigkeit, chronischen Atemwegserkrankungen und Bindehautentzündungen. Körperliche Abhängigkeit ist nicht nachgewiesen.

Kokain

Wird aus den Coca-Blättern gewonnen. Der enthaltene Wirkstoff ist das Kokain, ein weißes Pulver das geraucht oder geschnupft werden kann.
Wirkung: Leistungsdroge. Nach wenigen Sekunden fühlt man sich Leistungsbereit und voller Handlungsdrang.
Risiko: Ohne Kokain fühlt man sich ausgelaugt und depressiv. Starke psychische Abhängigkeit. Zerstörung der Nasenschleimhaut.

Heroin, Morphium, Opium

Opiate werden aus dem Pflanzensaft der Kapsel des Schlafmohns gewonnen. Der Hauptinhaltsstoff ist das Morphin, aus ihm werden neben Schmerzmittel in der Medizin Morphium, Diacetylmorphin (Heroin) Codein oder Methadon hergestellt. Opiate können geschluckt, gespritzt oder geraucht werden. Das Methadon wird auch als Drogenersatz therapeutisch eingesetzt.
Wirkung: Opiate haben eine große Ähnlichkeit mit den „Glückshormonen" den Endorphinen. Opiate erzeugen einen starken Zustand des Wohlbefindens.
Risiko: Nach wenigen Anwendungen besteht das Verlangen nach Wiederholung und beim Absetzen kommt es zu Depressionen, Magenkrämpfen, Schwitzen, Muskelzittern und starken Entzugserscheinungen.

90

Nachweiszeiten von Drogen in Blut und Urin			
Bezeichnung	**Blut**		**Urin**
Cannabis (THC)	2-3 Tage /4 Wochen		2-4 Tage bei 1x Gebrauch
Seed (Amphetamin)	8-24 Stunden		1 - 7 Tage
Ecsasy (MDMA)	24 Stunden		1-4 Tage
LSD	12 Stunden		4Tage
Kokain	6-24 Stunden		4Tage -22 Tage
Heroin	24 Stunden		3-7 Tage
Barbiturate	1 Tag		1 -20 Tage
Benzodiazepine	1 Tag		1-6 WochenTage
Crystal Meth	1 Tag		1-7 Tage
Methadon	2 Tage		3 Tage
Codein	5 Stunden		7 Tage
GHB	6 Stunden		12 Stunden
Poppers	2 Stunden		12 Stunden
Opiate	8 Stunden		2-4 Tage

Abkürzungen bei Drogentests	
Abk.	**Name**
AMP	Amphetamin/Speed
BAR	Barbiturate
BZD	Benzodiazepine
COC	Kokain
ETG	Ethylenglucuronid weißt Alkoholkonsum nach
K2	Synthetische Cannabinoide/Spice
MDMA	Methylendioxymethamphetamin
MET	Methamphetamin
MOR	Morphine/Opiate
MTD	Methadon
TCA	trizyklische Antidepressiva
THC	Cannabis, Marihuana

LSD (Lysergsäurediethylamid)

Ist ein Alkaloid des Mutterkorns. Mutterkorn siedelt sich an Getreideähren an und ist ein Pilz. LSD wird synthetisch hergestellt und ist bereits in sehr geringen Dosierungen wirksam. (0,1mg) Es wird meist auf kleinen Löschpapier Blättchen als „Trips" angeboten.

Wirkung: Stark Halluzinogen. Wahrnehmungen werden stark verändert bis hin zu Denkstörungen und Wahnvorstellungen. Aus dem eigenen Körper aussteigen sind Gefühle die beschrieben werden.

Risiko: Es kann zu akuten Angstzuständen (Horror Trip) kommen. Noch nach Monaten kann es zu Flash Back, wie plötzlich aufkommende Angst und Desorientierung, kommen. Wie bei allen Halluzinogenen können schwere Psychosen ausgelöst werden.

Synthetische Drogen:

Werden nicht aus Naturstoffen sondern chemisch hergestellt, sollten aber die Eigenschaften von natürlichen Drogen kopieren und aufputschend, beruhigend oder halluzinogen sein.

Amphetamine Speed (Ausputschmittel)

Wurde ursprünglich als Appetitzügler von der Firma Merck hergestellt. Es wird als weißes Pulver geschluckt oder geschnupft.

Wirkung: Denken wird beschleunigt, Schlafbedürfnis sinkt, logisches Denken (Speed Logik) wird scheinbar erhöht, Kontaktfähigkeit wird gesteigert.

Risiko: Ohne Speed ist man gehemmt, hat Angst, Schlafstörungen und eine psychische Abhängigkeit nach Wiederholung. Speed kann auch Schizophrenie auslösen.

MTMA XTC (Methylendioxyamphetamin, Ecstasy)

Wird als Pillen in sehr unterschiedlichen Qualitäten angeboten. Der Inhalt schwankt zwischen 50 und 100mg/Pille und dadurch ist die Dosierung schwierig. Ecstasy vereint die Eigenschaften von Speed und LSD, wirkt im Gehirn auf den Serotoninhaushalt und hält mehr als 20 Stunden an.

Wirkung: Entactogen (Berührung mit dem Inneren) halluzinogen und aufputschend.

Risiko: Die Pillen enthalten oft auch andere Stoffe und die Dosierung hängt vom Körpergewicht ab. Bei Überdosierung sind Pulsbeschleunigung, Panik, Fieber, Kreislaufstörungen bis zur Bewusstlosigkeit möglich. Vor allem der Mischkonsum mit anderen Drogen stellt eine hohe Gefahr dar. Psychische Abhängigkeit ist zu erwarten.

GHB(Gammahydroxybuttersäure, Liquid Ecstasy)

Ist ein einfacher chemischer Grundstoff der mit Ecstasy nichts gemein hat. In der Medizin wird GHB als Narkosemittel verwendet. In den Medien taucht GHB als k.o. Tropfen auf. Die *Wirkung* ist in geringen Dosen ähnlich dem Alkohol in größeren Dosen (1ml) führt es zur Bewusstlosigkeit und Erinnerungslücken.

Risiko: Dosierung ist sehr schwierig und bis zu 3 Stunden Bewusstlosigkeit kann tödlich sein.

Crystal Meth (Methaphetamin)

Ist ein Aufputschmittel das im 2 Weltkrieg zum Wachbleiben von Piloten eingesetzt wurde. METH wird aus Glaspfeifen geraucht, kann oral eingenommen oder geschnupft werden.

Wirkung und Risiko: Ist ähnlich dem Kokain. Konsumenten sind einem raschen körperlichen Verfall ausgesetzt. Daher wird Crystal Meth auch als Horrordroge bezeichnet.

KLEINES DROGEN ABC II

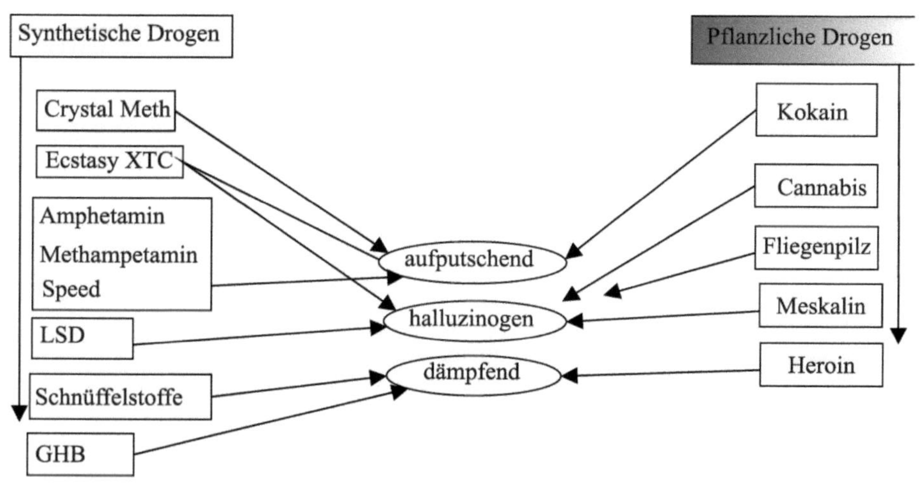

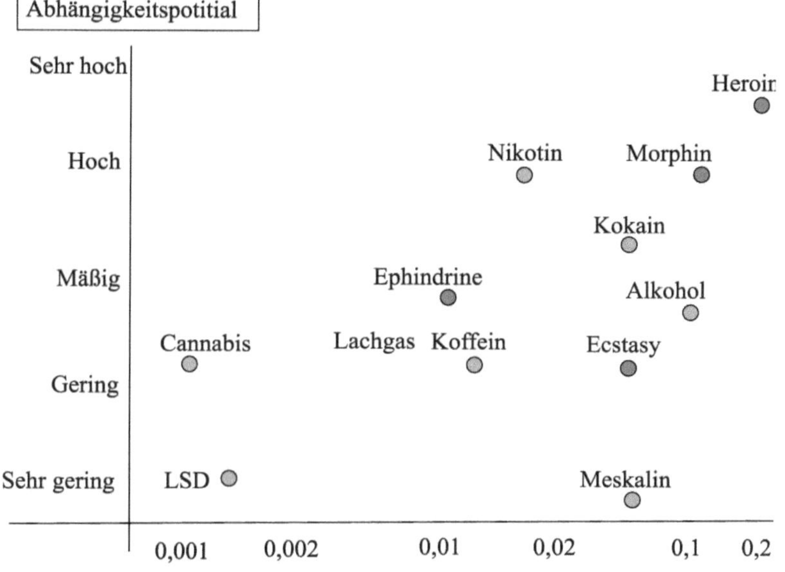

DRUGCHECK

Rausch durch Schnüffelstoffe

Die Dämpfe von verschiedenen chemischen Lösungsmittel und Gasen lösen im
Gehirn einen rauschähnlichen Zustand aus. Bei regelmäßigem Genuss stellen
sich sowohl körperliche wie auch psychische Abhängigkeit und Schäden ein.
Zu den Schnüffelstoffen gehören, Butanol (Feuerzeuggas), Lachgas
(Sahnekapseln), Lacke, Putzmittel, Benzin, Filzschreiber und als Poppers werden
Amylnitrit und Butylnitrit angeboten.

Drugchecking durch Drogentests

Drogen zu kennen und auch im privaten Bereich zuzuordnen, ist mit modernen
Schnelltests einen einfache Aufgabe.
Drogenschnelltest werden für einzelne Drogen oder ganze Drogengruppen
angeboten. Nicht um Konsumenten zu kriminalisieren, sondern um in Notfällen
bei Bewusstseinsstörungen schnell handeln zu können. Auch Mischkonsum von
Drogen ist so durch einen Schnelltest diagnostizierbar.
Während Alkohol durch den Atemlufttest gemessen wird, können Drogen und
Drogenkonsum durch Urintest, oder Wischtest, mit Antigen - Antikörperreaktion
nachgewiesen werden. Antigene sind Proteine, Kohlehydrate oder Lipide die von
Zellrezeptoren erkannt und gebunden werden. In Speziallabors kann, an Haaren
die 30cm lang sind, der Drogenkonsum der letzten 2 Jahre mittels
Gaschromatographie rekonstruiert werden.

Abbau im Körper Nachweiszeiten

Je nach Konsumverhalten oder Droge sind verschiedene Nachweiszeiten im Urin
zu erwarten. Bei regelmäßigem Konsum ist der Nachweis bis zu 20 Tage möglich.
Bei einmaligem Konsum nur einen Tag. Die Abbauprodukte sind im Urin länger als
im Blut nachweisbar.

Was kann getestet werden?

Die Teststreifen reagieren auf die Abbauprodukte der Drogen im Urin. Flüssige
Proben werden mit einer Pufferlösung (Natriumhydrogencarbonat Lösung)
verdünnt und dann getestet. Rückstände an Oberflächen wie Türschnallen, PC
Tastaturen können mit speziellen Wischtests ermittelt werden.

Welche Drogen können gemessen werden?

Je nach Testgröße und Streifenanzahl können alle bekannten Substanzgruppen
nachgewiesen werden. Die Substanzgruppen werden mit Buchstabencodes wie
AMP, BAR, COC, MET, MOR, TCA ETG usw. angezeigt.

Test Durchführung

Die Teststreifen werden 1-15 Sekunden in den Urin oder in die aufgelöste Probe
mit Pufferlösung eingetaucht und nach 5-8 Minuten kann das Ergebnis an dem
Erscheinen oder Nichterscheinen der Farbstreifen abgelesen werden.
Die C Linie ist eine Controllinie und muss immer erscheinen die T-Line ist die
Testlinie und diese erscheint nur wenn KEINE Drogen nachgewiesen werden.
Ist nur die C Line sichtbar so ist die Substanzgruppe die am Teststreifen
angegeben ist vorhanden!

DRUGCHECK

Teststreifen werden 1-15 Sekunden eingetaucht in

-Urin
-Feste Drogenprobe in Pufferlösung die 12 Stunden stehen gelassen wird.
-Flüssige Drogenprobe in Pufferlösung

Das Ergebnis ist nach 5-8 Minuten ablesbar

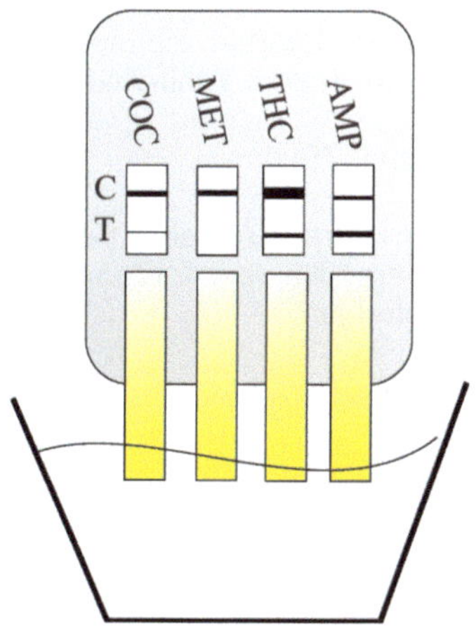

C
T
Kontrolllinie und
Testlinie sind sichtbar
KEINE DROGE !

C
T
Kontrolllinie sichtbar
Testlinie NICHT sichtbar
DROGE !!

C
T
Kontrolllinie und
Testlinie NICHT sichtbar
TEST Ungültig

C
T
Kontrolllinie nicht sichtbar
Testlinie sichtbar
TEST Ungültig

95

ALKOHOL DROGE NR.1

Die Droge Nr. 1 im westlichen Kulturkreis ist Alkohol. Auch Alkohol erzeugt Wahrnehmungsveränderungen, kann abhängig und schwer krank machen. In Deutschland werden pro Kopf und Jahr 12 Liter reiner Alkohol verbraucht. Das entspricht ca.240 Liter Bier oder 120 Liter Wein. Die Alkoholmenge die ein Mensch im Blut hat wird in Promille gemessen und vor allem, beim Lenken eines Fahrzeuges, ist eine gesetzliche Grenze vorgeschrieben.

Beobachten und schätzen

Die Wirkung des Alkohols ist auf jeden Menschen unterschiedlich. Aber grundsätzliche Beobachtungen lassen auf eine Alkoholisierung schließen. Dazu gehören bis 0,4‰ Lebhaftigkeit, bis 0,8‰ Euphorie die bis 1,2‰ in emotionale Instabilität übergeht. Auch Koordination (Gang) und Reaktion werden verlangsamt. Bei 1,8‰ wird der Mensch apathisch und beginnende Lähmung schränkt gehen und stehen ein. Ab 2,8‰ droht Koma und Lebensgefahr.

Berechnung der ungefähren Promille

Bei der Berechnung wird das Gewicht des Probanden, die Menge an Alkohol, und die Trinkdauer berücksichtigt. Der Abbau nach dem Trink-Ende kann mit 25% pro Stunde geschätzt werden. 1,0‰ baut sich in 1Stunde auf 0,75‰ ab, in der nächsten Stunde auf 0,56‰ (d.h. 25% von 0,75) usw.

Die Formel lautet:

Getränkmenge (ml) x Alkoholgehalt (%) x Getränk Anzahl x Faktor 12 / dividiert durch 1000 x Gewicht Probanden (kg) = Promille davon wird noch die Trinkdauer in Stunden (0,1 Promille pro Stunde) subtrahiert.

Beispiel:

Ein Mann mit 85 kg trinkt 2 Halbe Liter Bier und ¼ Liter Wein in 3 Stunden. Der Promillewert errechnet sich dann:

$$\frac{(500ml \times 5\% \times 2 \times 12) + (250ml \times 12\% \times 12 \text{ (Faktor)})}{1000 \times 85kg} = 1{,}13$$

1,13 minus der Trinkdauer von 3 Stunden ergibt 0,83‰ bei Trinkende. Der Abbau pro Stunde 25% von 0,83 ist 0,62 nach 2 Stunden 0,47‰ und damit unter dem gesetzlichen Grenzwert.

Auf dieser Basis sind auch Apps verfügbar bei denen man die getrunkene Menge eingibt und der Promillewert ermittelt wird.

Chemische Messmethode

Die Bestimmung des Blutalkoholspiegels kann aus der in der Atemluft enthaltenen Menge Ethanol erfolgen. Die Blasröhrchen die dafür verwendet werden enthalten Kaliumdichromat und Schwefelsäure auf einem Kieselgel Träger. Mit Alkohol aus der Atemluft verwandelt sich das orange Kaliumdichromat zu grünem Chrom III Sulfat. Die Länge der Verfärbung gibt den Ethanol Gehalt und damit den Blutalkohol an.

Messmethode Elektronisch und IR

Häufig werden heute Handmessgeräte verwendet die die Veränderung der Leitfähigkeit eines halbleitenden Metalloxids wie Titanoxid messen. Genauere stationäre Messgeräte arbeiten auf dem Prinzip der IR Spektroskopie, wobei die Veränderung eines IR Lichtstrahls gemessen wird.

Blutalkoholspiegel

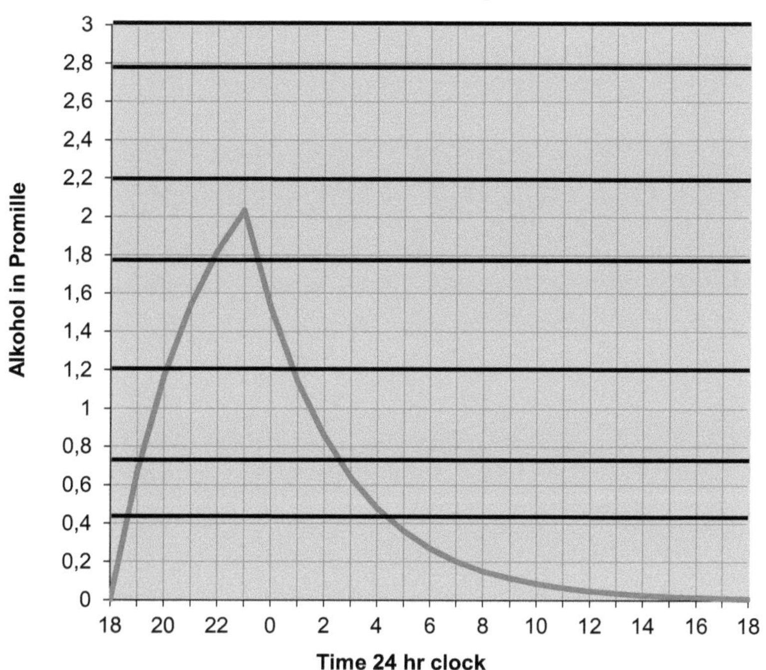

Auf und Abbau des Blutalkohols

- **Trinkdauer:** 4 Stunden
- **Alkoholmenge:** 5 Liter Bier von 18:00 bis 22:00 Uhr
- **Personengewicht:** 90kg
- **0,5 Promille** um 4:00 Uhr
- **0,0 Promille** nach 16 Stunden

Die praktisch – poetischen Griechen würden sagen: Luft, Licht und Seifenschaum
sind die drei Kinder der Hygieia
Carl Ludwig Schleich (1859-1922 Erfinder der Anästhesie)

5 Waschmittel Hygiene und Körperpflege

Biologisch abbaubare Waschmittel bei 40°C, Seifen und Bakteriensprays, Sonnencreme und Anti–Age Produkte, die Grundlagen für all diese Produkte werden in chemischen Labors gelegt. Aber was steckt wirklich dahinter. Wie kann man Waschprozesse miteinander vergleichen, und wo lauern echte Gesundheitsgefahren? Mehr dazu in diesem Kapitel.

WASCHMITTEL HYGIENE UND KÖRPERPFLEGE

Reinigen des Körpers ist schon seit dem Altertum ein Anliegen des Menschen. Das Waschmittel sollte gleichzeitig eine Menge Aufgaben erfüllen. Es sollte optimal:

- jede Art von Schmutz entfernen
- praktisch in der Anwendung sein
- einen günstigen Preis haben
- schonend zu Haut, Haare, Wäsche und Waschmaschine sein
- der Umwelt nicht schaden.

Der Waschprozess

Reines Wasser hat nur eine sehr schlechte Waschwirkung, da es ein polarer Stoff ist und eine hohe Oberflächenspannung hat. Diese Oberflächenspannung aufzuheben ist das Ziel aller Wachmittel. Stoffe die diese Grenzflächenspannung aufheben können, werden als Tenside bezeichnet. Tenside umschließen die Schmutzpartikel, lösen sie von der Oberfläche und das umgebende Wasser kann den Schmutz abtransportieren.

Seifen

Die ersten Substanzen die diese Aufgabe erfüllten waren Seifen. Seifen sind Natrium- oder Kaliumsalze von langkettigen Fettsäuren und werden durch kochen von Pflanzenöl oder Tierfett mit Kali- oder Natronlauge hergestellt. Nachteile dieser Tenside sind, dass sich bei hartem Wasser Kalkseifen bilden. Diese unlöslichen Seifenreste hinterlassen, auf Haar oder Wäsche, Flecken.

Oberflächenspannung und Tenside

Als bessere Möglichkeit die Oberflächenspannung zu „knacken" wurden neue Tenside entwickelt. Diese Substanzen haben einen polaren und einen unpolaren Teil im Molekül, sodass sich der polare Teil an die Oberfläche des Wassers anbindet und der unpolare Teil aus dem Wasser herausragt. Wird nun ein Schmutzteilchen von diesen unpolaren Teilen erfasst, abgelöst und eingeschlossen, bildet sich eine Mizelle-Kugel die vom Wasser abtransportiert werden kann. Das alles spielt sich auf molekularer Ebene ab.

Die ersten Tenside waren Alkylsulfate und je nach ihrem hydrophilen (Wasser zugewandten) Teil werden sie in anionenaktive (negative Ladung) oder kationenaktive (positive Ladung) Tenside unterteilt.

Anionenaktive Tenside sind Seifen, Alkylsufate, Fettalkylsulfate(FAS) und Alkylbenzosulfonate(ABS)

Kationenaktive Tensiden sind Tetraalkylammoniumsalze.

Es gibt jedoch auch Tenside die beide Ladungen vereinen, *amphotere Tenside*.

Nichtionische wie Ethoxylate oder Zuckertenside werden für Niedrigtemperatur Waschvorgänge eingesetzt.

Zucker Tenside können aus nachwachsenden Rohstoff hergestellt werde, sind sehr gut hautverträglich und abbaubar. Sie sind allerdings sehr teuer.

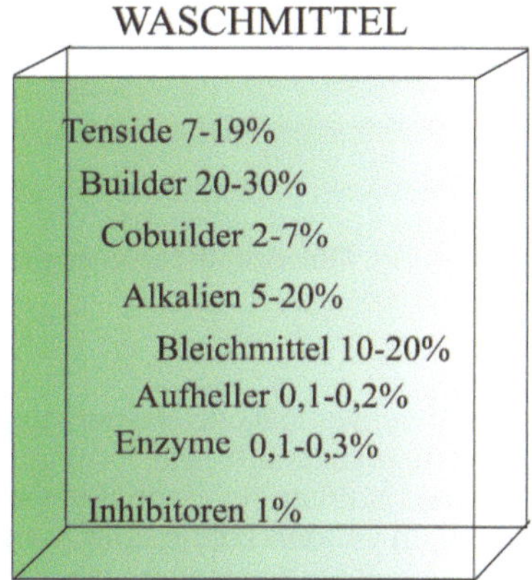

Aufbau und Inhaltsstoffe eines Waschmittels

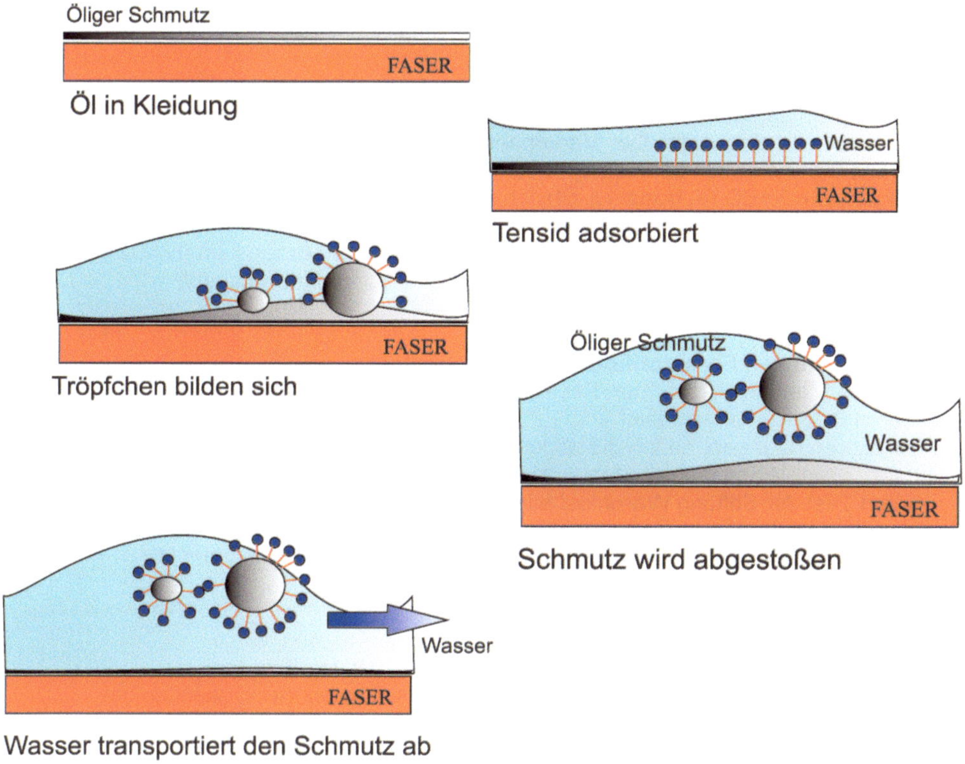

Schritte wie öliger Schmutz aus der Kleidung mit Wasser und Tensiden abtransportiert wird.

WASCHMITTEL AUFBAU

Waschmittel Inhaltstoffe
Moderne Waschmittel enthalten eine Fülle an Substanzen die die Waschwirkung unterstützen. Geruch verbessern, nicht entfernte Farben ausbleichen und die Wasserhärte senken sollen.

Waschalkalien
Waschmittel enthalten basisch wirkende Carbonate oder Silikate diese begünstigen die Schmutzablösung. Der Anteil der Waschalkalien liegt zwischen 5-20%.

Wasserenthärter
Durch die Wasserhärte können schwerlösliche Niederschläge entstehen. Dies wird durch die Zugabe von Komplexbildnern oder Ionenaustauscher verhindert. Als Komplexbildner wurde früher Natriumtriphosphat verwendet, das aber in Kläranlagen nicht zurückgehalten werden konnte und daher ins Oberflächenwasser gelangte. Als guter Komplexbildner wird heute NTA(Nitriloessigsäure) eingesetzt.
Bei Ionenaustauscher werden störende Calcium-Ionen durch Natrium-Ionen ersetzt. Allgemeine Bezeichnung Polycarboxylate. Als Inhaltstoff wird Sasil (Sodiumaluminiumsilkat) oder Zoelith 4A angegeben.

Bleichmittel
Waschmittel sollen saubere weiße Wäsche liefern. Dazu wurden schon früher Natriumperborate eingesetzt. Der Markenname Persil entstand aus Perborat und Silikat. Um Bleichen auch bei niedrigen Temperaturen zu ermöglichen, sind Substanzen wie TAED (Tetraacetyl-ethylen-diamin) oder Natriumpercarbonat, in Verwendung.
Bleichmittel Nachweis: Bleichmittel setzen bei Zugabe von Braunstein ($MnO2$) Sauerstoff frei. Dieser kann durch einen glimmenden Span der aufflammt nachgewiesen werden.

Optische Aufheller, Farbstoffübertragungsinhibitoren
Sind Substanzen die sich auf den Fasern anheften und unsichtbares UV Licht zu sichtbaren Blaulicht umwandeln.
Die Inhibitoren dagegen, halten die abgelösten Farben in Lösung, damit sie sich nicht auf andere Wäschestücke festsetzten. Sogenannte Colorwaschmittel wurden bei einem Test der Stiftung Warentest allerdings allesamt als mittelmäßig oder unwirksam bewertet.
Nachweis:1g Waschmittel werden in 10ml Wasser suspendiert. Mit einer UV Lampe wird ein fluoreszierendes Leuchten sichtbar.

Enzyme
Die niedrigen Waschtemperaturen lassen auch die Arbeit von Enzymen zu. Eiweiß, Fett, Stärke werden gespalten und so ausgewaschen. Auch geschädigte Cellulose Fasern der Wäsche können mit Enzymen geglättet werde.

Füll und Hilfsstoffe
Für feste Waschmittel wird mit Natriumsulfat aufgefüllt um die Rieselfreudigkeit zu erhalten. Bei flüssigen Waschmitteln kommen Ethanol oder Propanol zum Einsatz, um eine Entmischung der Zutaten zu verhindern.

Waschparameter im Vergleich

Testproben sind 10x10cm große Baumwolltücher
mit 1ml Rotwein Fleck getrocknet.
Ergebnis mit 1-5 bewerten.
1 Strahlend weiß
2 weiß
3 schwach rosa
4 rosa
5 keine Reinigung

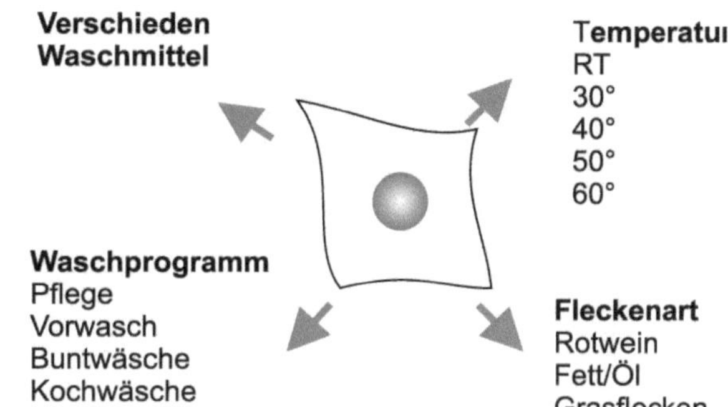

Die verschiedenen Kombinationsmöglichkeiten von Waschmittel, Temperatur, Waschprogramm und Fleckenart ergeben viele Wahlmöglichkeiten.

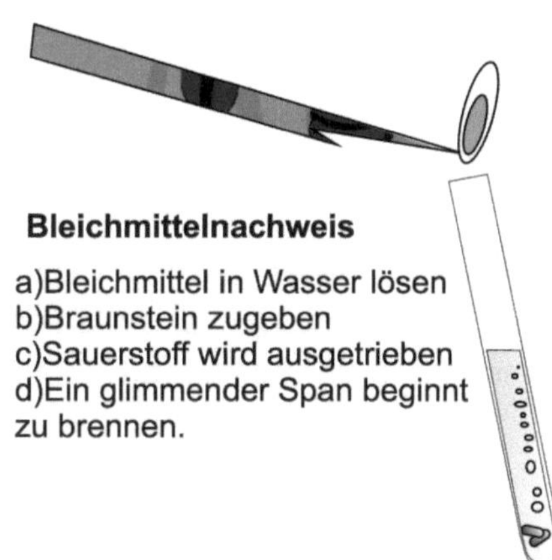

Bleichmittelnachweis

a)Bleichmittel in Wasser lösen
b)Braunstein zugeben
c)Sauerstoff wird ausgetrieben
d)Ein glimmender Span beginnt
zu brennen.

Versuch um im Waschmittel Bleichmittel nachzuweisen

DUSCHGEL UND HAARSHAMPOO

Chemie und Friseur haben eine enge Verbindung. Vom Haarwaschmittel zum Haare Bleichen und Färben, sind eine Unmenge an Produkten im Regal. Fragen sie ihr Haar oder ihren Friseur.
Seife hinterlässt bei kalkhaltigem, hartem Wasser einen unlöslichen Niederschlag. Gerade beim Haare waschen ist das ein sehr unerwünschter Effekt, da die Haare nach dem Waschen stumpf und matt aussehen würden.

Seife Haarshampoo Duschgel
Ein Haarshampoo oder Duschgel hat je nach Anwendung, bis zu 30 Inhaltstoffe. Manche wichtig, manche nur werbewirksam, wie Coffein das im Kaffee mehr Wirkung zeigt. Generell sind aber alle Bausteine eines Waschmittels notwendig, um ein modernes Haarshampoo herzustellen.

Als **Tenside** wird Alkylethersulfat, das gegen Wasserhärte unempfindlich ist, verwendet. Besonders milde Shampoos verwenden Alkylethercarboxylate, Sulfobernsteinsäure oder Alkylpolyglykoside.
Werden **Enzyme** eingesetzt so ist das Pflegemittel gut hautverträglich, aber es braucht dann ein Konservierungsmittel wie, Parabene, Benzosäure, Salicylsäure und hoffentlich kein Formaldehyd, das früher zu diesem Zweck verwendet wurde. (ab 0,05% Angabepflicht!)

Enzym Nachweis: Enzyme verhindern das erstarren von Gelatine im Kühlschrank. Diese Tatsache kann als Nachweis verwendet werden.
0,5g Haarshampoo oder Duschgel werden in 10ml Wasser aufgelöst und in einen Becher oder Schale gegeben.
Als Vergleichstest werden 10ml Wasser ebenfalls in eine Schale gegeben.
2g Gelatine werden in 50ml kaltem Wasser gelöst und 10ml dieser Lösung werden zu Vergleichstest (Wasser) und Probelösung zugegeben.
Lösungen 10-15min kalt stellen. Enzyme verhindern das Verfestigen, während die reine Wasserprobe fest wird.

Als **Komplexbildner** (gegen die Wasserhärte) ist Nitriloessigsäure häufig im Einsatz.

Spezialshampoos
Shampoos für fettes Haar enthalten Eichenrindenextrakt und bei trockenem Haar wird pflanzliches Öl zum Nachfetten zugesetzt.
Ein Trockenshampoo hat nichts mit dem Thema waschen und reinigen zu tun. Es soll ungewaschenes Haar etwas entfetten, frischer aussehen lassen, es besteht im einfachsten Fall aus Reismehl und Duftstoffen.

Haarshampoo Test
1ml eines Haarshampoos werden in 100ml Wasser gelöst und der pH Wert gemessen. Je neutraler, umso schonender ist das Shampoo zu Haar und Kopfhaut.
Die Lösung wird mit Phenolphtalein Indikator versetzt und mit 0,1M Salzsäure bis zum Verschwinden der rosa Farbe titriert.

Nachweis von Enzymen

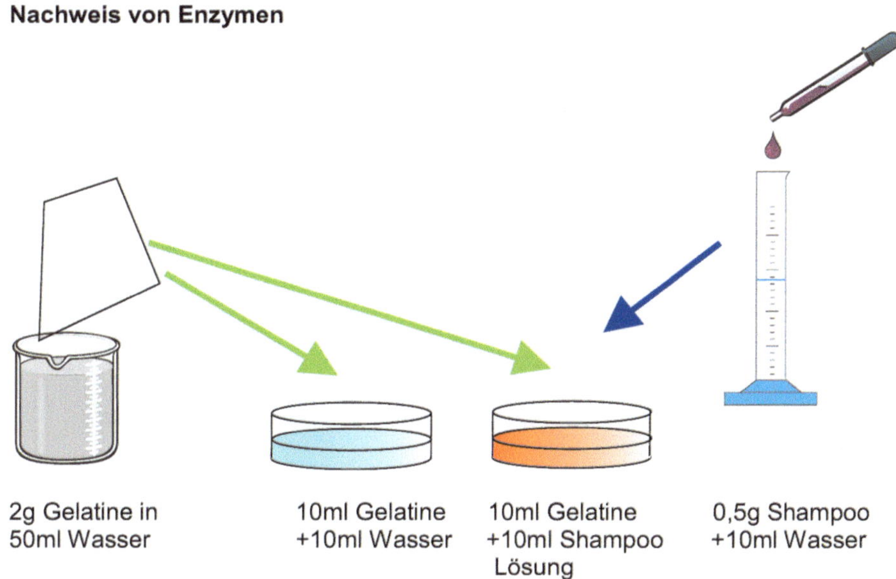

2g Gelatine in
50ml Wasser

10ml Gelatine
+10ml Wasser

10ml Gelatine
+10ml Shampoo
Lösung

0,5g Shampoo
+10ml Wasser

Beide Schalen 15 Minuten in den Kühlschrank stellen. Enzyme verhindern das Verfestigen.

Unterscheiden von Tensid Gruppen

Zur angesäuerten Probelösung wir ein Tropfen Methylenblau und Methylorangeindikator zugegeben. Die Probe wird mit Essigester überschichtet und kurz geschüttelt.

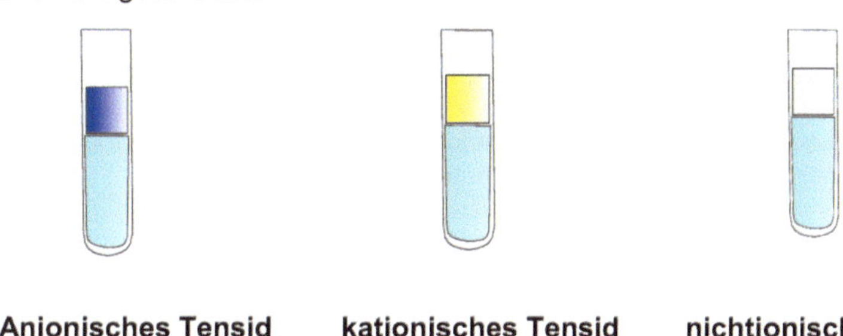

Anionisches Tensid
Essigester färbt
sich blau

kationisches Tensid
Essigester färbt
sich gelborange

nichtionisches Tensid
bleibt farblos

ZAHNPFLEGE UND REINIGUNGSMITTEL

Zahnbürste und Schleifpulver aus Silizumoxid, Schlämmkreide oder Marmorpulver sind die Hauptverantwortlichen, für die Zahnreinigung. Alles Andere sind Hilfsstoffe.

Korngröße Bestimmung: Das Schleifpulver und deren Größe ist besonders im Mikroskop abschätzbar. Zahnpaste auf Objektträger auftragen und abschätzen. Durchmesser von 0,05mm sind normal.

Als Schaumbildner wird Natriumlaurylsulfat zugesetzt um das abgelöste Plaque leichter ausspülen zu können. Sorbitol soll die Zahnpaste geschmeidig halten, Geschmackstoffe erzeugen eine angenehme Frische.

Medizinisch Profilaxe

Die vorsorgliche medizinische Behandlung mit Fluoriden, antibakteriellen Mitteln gegen Zahnstein und Paratontose, wird vom Verbraucherschutz, kritisch gesehen. Allergische Reaktionen auf Aromastoffe wie Menthol, Zimtöl oder Konservierstoffe, sind bekannt und unerwünscht.

Neuartige Milchsäurebakterien sollen den Lactobacillus pacasei, der für Karies verantwortlich gemacht wird, erkennen und gezielt bekämpfen.

Den halbjährlichen Zahnarztbesuch kann eine Zahncreme jedoch nicht ersetzten!

Oberflächen Reinigungsmittel
Scheuermittel

Scheuermittel werden für Pfannen, Töpfe und hartnäckig verschmutzte Oberflächen eingesetzt.

Scheuermittel enthalten mikroskopisch feine Körner mit 0,05mm Durchmesser von Kalziumcarbonat(Marmor) oder Siliziumoxid (Sand), Tenside sowie Natriumcarbonat (Soda), Peroxide oder Hypochloride.

Nachweis Soda: Soda besteht aus Natriumcarbonat. 1ml Scheuermittel in eine Eprouvette geben 1ml Essig zugeben und die Reaktion beobachten. Das schäumen entsteht durch das Entweichen von Kohlendioxid. Kohlendioxid, kann durch ein brennendes Zündholz nachgewiesen werden, das erlischt.

Fensterreiniger

Fensterreiniger dürfen keine Rückstände und Schlieren nach dem Verdunsten hinterlassen, daher sind nur wenig Tenside oder Duftstoffe enthalten. Der Hautanteil eines Fensterreingers besteht aus Ethanol, Isopropanol oder Glycolether.

Alkohol Nachweis: Glasreiniger wird in einem Kolben erwärmt der mit einem Stopfen und einem Glasrohr verschlossen ist. Der entweichende Dampf ist brennbar. Ethanol oder Isopropanol unterscheiden sich im Geruch. Methanol verbrennt mit grüner, Ethanol mit blauer Flamme.

Entkalker

Entkalker sollen Kalkrückstände in Bad und Küche beseitigen. Dazu werden Säuren wie Essigsäure, Zitronensäure oder Amidosulfonsäure verwendet. Vor allem die Einwirkdauer sollte dabei möglichst lange sein.

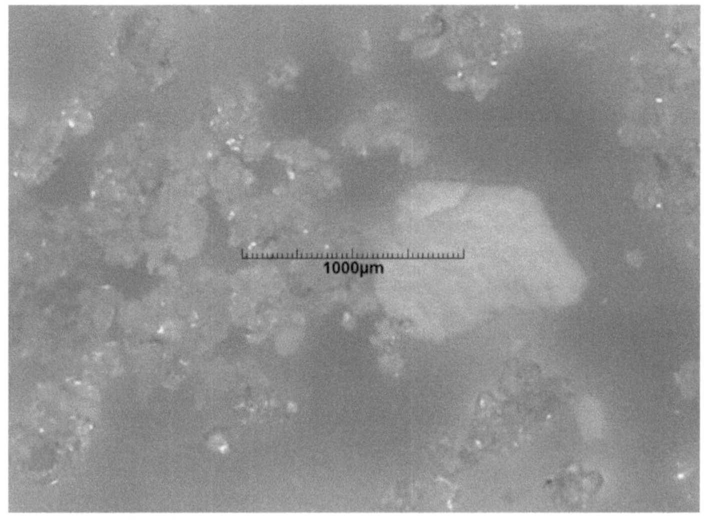

Geschirrspüler Waschmittel im Mikroskop bei 20facher Vergrößerung
Weißes Natriumhydroxid und Dinatriummethasilikat Kristalle

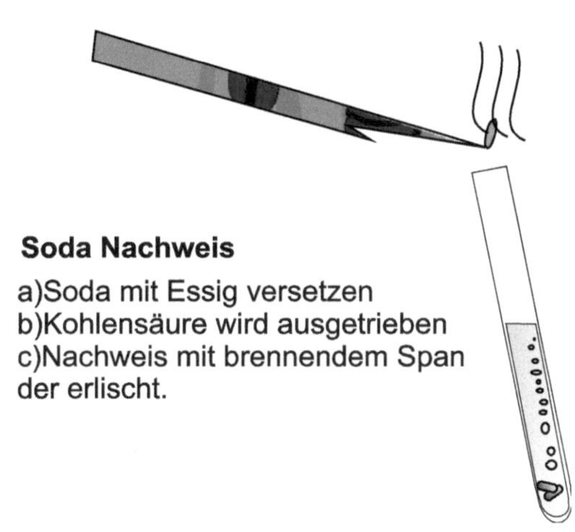

Soda Nachweis

a)Soda mit Essig versetzen
b)Kohlensäure wird ausgetrieben
c)Nachweis mit brennendem Span
der erlischt.

REINIGUNGSMITTEL UND SICHERHEIT

Rohrreiniger

Verstopfungen von Abflussrohren durch biologisches Material, wie Haare, Hautreste, oder Gemüsereste und Fette, sollten damit entfernt werden. Abflussreiniger, bestehen aus Natriumhydroxyd oder Natriumhypochlorid mit Tensiden, die in der Lage sind Fette und Proteine aufzuspalten und zu verseifen. Chemische Bindungen werden aufgebrochen, können in Wasser gelöst und abtransportiert werden und der Abfluss ist wieder frei.
Biologische Abflussreiniger enthalten Enzyme, die Fett und Eiweiß spalten können. Die Einwirkdauer ist allerding wesentlich länger.
So einfach die Abflussreinigung mit chemischen Mitteln erscheint, die effektivere und schnellere Lösung ist die mechanische Reinigung, mit Metallspirale und Saugglocke.

pH Bestimmung:

0,5g des Rohrreinigers in 100ml Wasser lösen. Erwärmt sich die Lösung dabei ist Natriumhydroxid enthalten. pH mit Teststreifen ergibt pH 14 = Starke Lauge.

WC Reiniger

WC Reiniger sind vor allem für Kalkablagerungen ausgelegt. Sie haben einen pH von unter 1, enthalten starke Säuren, wie Salzsäure, Salpetersäure oder Phosphorsäure, Tenside und Verdickungsmittel.
WC Reiniger stellen eine große Gefahr für Kinder beim Verschlucken dar und müssen für Kinder unerreichbar aufbewahrt werden!

pH Bestimmung:

0,5g des WC Reiniger in 100ml Wasser lösen. pH mit Teststreifen ergibt pH 1 =Starke Säure

Sicherheitsdatenblätter SDB

Für alle chemischen Reiniger müssen Sicherheitsdatenblätter vom Hersteller angeboten werden. Meist sind sie im Internet als PDF verfügbar.
Sicherheitsdatenblätter enthalten Information über Inhaltsstoffe, Gefahrenhinweise, Schutzhinweise für Haut, Augen, Atemschutz und wichtige Hinweise für Notfälle mit diesem Stoff. Alle SDB sind in Abschnitte gegliedert und wenn man einige gelesen hat, findet man schnell die Hinweise die man braucht.

01. Zubereitung Verwendung und Firmenbezeichnung
02. Bestandteil wie anionische Tenside, Zitronensäure
03. Mögliche Gefahren und Wassergefährdung
04. Erste Hilfe Maßnahmen nach Haut- Augenkontakt oder Verschlucken
05. Maßnahmen zur Brandbekämpfung
06. Maßnahmen bei unbeabsichtigter Freisetzung
07. Handhabung und Lagerung Sicherer Umgang, Brandschutz, Lagerräume
08. Persönliche Schutzausrüstung
09. Physikalische und chemische Eigenschaften
10. Stabilität und Reaktivität
11. Angaben zur Toxikologie
12. Angaben zur Ökologie
13. Hinweise zur Entsorgung
14. Angaben zum Transport
15. Vorschriften
16. Sonstige Angaben wie Ansprechpartner, Verwendungshinweise,

REINIGUNGSMITTEL UND SICHERHEIT

Das Sicherheitsdatenblatt zeigt die Inhaltstoffe:
5-10% Natronlauge
2-5% Natrium hypochlorid
0-1% N, N - Dimethyltetradecylamin-N-oxid

Angaben zu den Gefahren:

R-Sätze : R35 Verursacht schwere Verätzungen.
S-Sätze : S 1/2 Unter Verschluss und für Kinder unzugänglich
aufbewahren.
S26 Bei Berührung mit den Augen sofort gründlich mit
Wasser abspülen und Arzt konsultieren.
S28 Bei Berührung mit der Haut sofort abwaschen mit
viel Wasser.
S35 Abfälle und Behälter müssen in gesicherter
Weise beseitigt werden.
S36/37/39 Bei der Arbeit geeignete Schutzkleidung,

HAUTPFLEGE CHEMIE

Unsere Haut braucht Pflege und Schutz. Der Aufbau einer Hautlotion ist zwar komplex, aber die Zutaten und Inhaltsstoffe sind eher günstig. Alles andere ist Werbung und Gewinnspanne.

Inhaltstoffe jeder Hautcreme

- **Wasser:** für die Feuchtigkeit der Haut
- **Öl:** Hier sind Pflanzenöle wie Avocadoöl, Mandelöl, Jojabaöl, Sonnenblumenöl oder Distelöl zu bevorzugen. Mineralöle, wie Paraffine, sind nicht zeitgemäß.
- **Verdicker:** Sorgen dafür, dass die Wasser Öl Mischung nach dem Abkühlen eine streichfähige Konsistenz bekommt. Eingesetzt werden Bienenwachs, Cethylalkohole, Kakaobutter oder Lanolin.
- **Emulgatoren:** Sorgen dafür, dass sich Wasser Öl und Verdicker auch vermischen lassen.
  Verwendung finden Lanolin, Abil 90 EM der meist in Sonnenschutzmittel eingesetzt wird, Glycerinmonosterat (Tegomuls), Cetylalkohol (Lanette 16) und viele mehr.
- **Konservierstoffe:** Cremes sind anfällig gegenüber Bakterien und verderben. Als Konservierstoffe werden Sorbinsäure, Parabene oder Antioxitantien wie Butylhyroxytoluol eingesetzt.

O/W W/O Typ

Unterschiedlich sind die Hautlotionen in ihrer physikalischen Komponentenverteilung.

Es kann das *Öl im Wasser* verteilt sein. (O/W Typ) Diese sind mit Wasser leicht abwaschbar. Solche Cremes bewirken eine geringe Hautfettung und werden bei fettiger Haut eingesetzt.

Es ist das *Wasser im Öl* verteilt. (W/O Typ) Diese Lotionen ziehen rasch in die Haut ein und bilden einen leicht öligen Film der an der Oberfläche bleibt.

Amphiphile Cremes sollen beide Typen und Eigenschaften vereinen.

Unterscheiden von O/W und W/O

Um den Lotionstyp zu unterscheiden wird 1 Tropfen auf ein Glas Wasser auf getropft.

Verteilt sich der Tropfen auf der Wasseroberfläche = O/W Typ

Bleibt der Tropfen auch im Wasser zusammen geklumpt schwimmend = W/O Typ

pH Bestimmung

Der Säureschutzmantel der Haut wehrt Krankheitserreger ab. Dieser pH Wert liegt bei 5,5. Ist das Pflegemittel mit pH neutral deklariert so geht man davon aus, dass der pH Wert der Haut angepasst ist. Sollte pH 7 oder mehr auf die Haut aufgetragen werden, so ist das sicher nicht positive, da die Haut mehrere Stunden braucht um sich zu regenerieren und die Schutzfunktion gemindert wird.

Messung mit Teststäbchen im wässrigen Auszug. Kleine Menge der Creme wird in dest. Wasser kurz aufgekocht und der pH mit Teststreifen gemessen.

Kupfersulfat Test

Kupfersulfat wird auf einem Uhrglas solange erhitzt bis es farblos wird. Nach dem Abkühlen wird ein Tropfen Lotion oder Creme aufgetragen. Liegt eine O/W Creme vor färbt sich das Kupfersulfat wieder blau.

Inhaltsstoffe von kosmetischen Produkten		
Bezeichnung	**Beschreibung**	**Verwendung**
Abil 90 EM	gut Hitzebeständig	Emulgator für W/O Typ
Aminosäuren	Helfen beim Aufbau von Hauteiweißen	Zusatzstoff
Antioxidantien	z. B. vitamin E und C verhindern ranzig werden	Konservierstoff
Ätherische Öle	Sorgen für angenehmen Geruch, Rosmarien, Lavendel, Rosen, Kamilenblütenwasser uvm.	Zusatzstoff
Cetiol 868	unverselle Anwendung	Emulgator
Cetylalkohol	wachsartige Plättchen, wasserunlöslich langkettiger einwertiger Alkohol	Emulgator/Konsistenzgeber
Cetylpalmitat	rückfettende, glänzende Eigenschaften, Walratersatz	Konsistenzgeber
Cremophor		Lösungsvermittler
Deodorantien	reduzieren Schweiß oder Schweißgeruch	Zusatzstoff
Emulsan II	gut für Nachtcremes, spendet Feuchtigkeit und glattes Hautgefühl	Emulgator für O/W Typ
Farbstoffe	bunte Lotionen	Zusatzstoff
Glycerin	Hilft gegen austrocknen der Haut	Feuchthaltemittel
Hormone	sind in Kometika in Europa verboten	Zusatzstoff
Kakaobutter	für alle Arten geeeignet	Konsistenzgeber
Lanolinanhydrat	Wollfet aus der Talgdrüse von Schafen, dringt gut in die Haut ein	Emulgator für W/O Typ
Lösungsvermittler	für homogene Mischung	Emulgator
Öle und Fette	versorgen die Haut mit Fett und stabiliesieren die natürlichen Fette	Hauptbestandteil
Panthenol	Dexpanthenol wird im Körper zu B5	Enzündungshemmer
pH Stabilisatoren	puffern Creme ab um den idealen Haut pH zu erhalten	Zusatzstoff
Shea Butter	Lippenpflegem hautglättend	Konsistenzgeber
Siliconöl	Wirken wasserabstoßend	Hauptbestandteil
Tegomuls	zieht leicht ein ohne Fettfilm zu hinterlassen. Herstellung aus Stearinsäure.	Emulgator für O/W Typ
Titandioxid	Reflektiert UV Strahlung Sonnenschutz	Nanopartikel
Triglyceride	synthetisch hergestellte Öle	Hauptbestandteil
Vitamine	haben beruhigende Wirkung auf die Haut.	Zusatzstoffe
Wachse Bienenwachs	Kajalstifte Körperlotionen und natürlicher Schutz für die Haut	Konsitenzgeber
Wasser	O/W enthalten 26% und W/O ca. 74%	Hauptbestandteil

SONNENSCHUTZ

Eine besondere Schutzfunktion nehmen Sonnenschutzmittel ein. Sie haben die Aufgabe die schädlichen UV A und UV B Strahlen vom Körper abzuhalten, da schädliche Wirkung auf die Erbsubstanz und das Krebsrisiko durch Sonneneinstrahlung auf die Haut ansteigen. Wirkungsvollsten Schutz bieten jedoch Kleidung, Schatten und Sonnenschirme.

UV-Index

Um weltweit einen Standard für UV Belastung festzulegen, wird vom Deutschen Wetterdienst (DWD) ein täglicher UV Index erstellt.
Der UV-Index gibt auf einer Skala, von 0-12+ , die höchste Stufe sonnenbrandgefährlicher Strahlung an, die an diesem Tag erreicht wird. Höchstwerte sind meist um die Mittagszeit zu erwarten, können aber je nach Meeresspiegel schwanken. Der Lichtschutzfaktor des Sonnenschutz sollte unbedingt das doppelte des UV-Index betragen.
Auch ein App wird dafür angeboten, dass die momentane UV Belastung am Standort, abhängig von der Meereshöhe, angibt.
Beispiel: Angabe vom DWD UV Index 6 bedeutet, eine hohe UV Belastung und der Sonnenschutzfaktor 12 ist angebracht.

Lichtschutzfaktor und Hauttyp

Der Lichtschutzfaktor (LSF) ist ein Richtwert, der angibt, wieviel länger man in der Sonne bleiben kann, als ohne Hautschutz. Schwitzen, Wasser, oder die UV Strahlung bauen den Schutz der Sonnenlotion allerdings ab und mehrmaliges Nachcremen wird empfohlen.
Neben dem LSF ist auch der Hauttyp ein entscheidender Faktor beim Sonnenschutz. Helle Haut und Sommersprossen sind empfindlicher als dunkle Haut. Hauttypen von 1-6 werden in der Tabelle beschrieben.

Inhaltstoffe die UV Strahlung reduzieren.

Als UV Schutz werden einerseits chemische Substanzen und andererseits Nanopartikel verwendet. Als chemischer Schutz bieten sich Substanzen an die eine konjugierte Doppelbindung im Molekül enthalten. In der Praxis sind das, Derivate von Campher Salizylsäure oder Zimtsäure.
Als Nanopartikel werden Titanoxid oder Zinkoxid zugesetzt, die Sonneneinstrahlung, wie ein Spiegel vom Körper reflektieren.
Zutaten wie Vitamin E oder C sollen die Hautreaktion nach Sonneneinstrahlung vermindern.

Mikroskopische Untersuchung

Die Sonnencreme wird mit Paprikapulver verrieben (Färbt nur die öligen Anteile) und im Mikroskop können Öl Tröpfchen, Zink oder Titanoxidkristalle gut unterschieden werden.

Hauttest.

Verschiedene Sonnencremes, mit unterschiedlichem Lichtschutzfaktor, werden punktförmig, auf die Haut des Unterarms, aufgetragen. Die Rötung wird am Abend bewertet.

UV Index	Bewertung	Schutzmaßnahme
0-2	niedrig	kein Schutz erforderlich
3-5	mittel	Schutz empfehlenswert
6-7	hoch	Schutz erforderlich
8-10	Sehr hoch	Schutz dringend erforderlich
11-12+	extrem hoch	Schutz ist Pflicht

UV Index wird vom Wetterdienst für einen bestimmten Tag festgelegt

Hauttyp	Typ Bezeichnung	Hautfarbe	Bräunung	Sonnen brand	Eigen schutz	LSF
p1	Keltisch	sehr hell	keine	sehr oft	< 10 min	>25
p2	Nordisch	hell	minimal	häufig	10-20 min	20-25
p3	Misch	mittel	hellbraun	manchmal	20-30 min	15-20
p4	Mediterran	bräunlich oliv	schnell mittelbraun	selten	> 30 min	15
p5	Dunkler	hellbraun dunkel	schnell dunkelbraun	kaum	> 90 min	6-10
p6	Schwarzer	dunkelbraun schwarz	schnell schwarz	nie	> 90 min	6

Welchen Sonnenschutzfaktor braucht welcher Typ von Mensch?

Die besten Dinge im Leben sind nicht die, die man für Geld bekommt.
Albert Einstein (1879-1955)

6 Kunststoffe, Klebstoffe, Farben und Papier

Unsere Umwelt ist umgeben von industriell geformten oder geschaffenen Stoffen. Kleidung, Möbel, Farben, Klebstoffe oder Papier haben sich von natürlichen Materialien unabhängig gemacht und werden mittels Chemie und Industrie erzeugt. Diese unüberschaubare Vielfalt zu unterscheiden, ist auch für den Laien möglich.

KUNSTSTOFFE

Kunststoffe umgeben uns heute in vielfachen Variationen und in allen Lebensbereichen. Sie wurden zuerst aus Cellulose Fasern entwickelt. Diese halbsynthetischen Produkte entstanden durch Reaktion von Cellulose mit Salpetersäure. Das entstandene Cellulose Nitrat wurde in Aceton gelöst und konnte so versponnen werden. Cellulose Nitrat Fasern sind jedoch extrem feuergefährlich und werden heute nicht mehr verwendet. Heutige halbsynthetische Kunststoffe sind Cellulose Acetate oder Ester, und werden unter Namen wie Viskose oder Lyocell hergestellt und vertrieben.

Synthetische Kunststoffe
Der erste vollsynthetische Kunststoff war ein Polymerisat aus Phenol und Formaldehyd. Er wurde unter dem Markennamen Bakelit weltbekannt. Nach der üblichen Einteilung für Kunsstoffe, ein Duroplast.

Einteilung der Kunststoffe
Neben der Unterscheidung von halbsynthetischen und synthetischen, werden Kunststoffe nach physikalischen Eigenschaften eingeteilt in:
- Plastomere sind schmelzbar
- Elastomere sind gummiartig
- Duromere sind hart und temperaturbeständig

Plastomere
Bestehen aus Makromolekülketten, die durch schwache chemische Bindungen (Van der Waal Kräfte) zusammengehalten werden.
Je nach Temperatur haben sie verschieden physikalische Eigenschaften. Die Glas-, Gebrauchs-, Erweichungs-, Verarbeitungs- und Zersetzungstemperatur. Plastomere sind widerstandsfähig gegen Chemikalien und Mikroorganismen. Sind gut formbar und billig in der Verarbeitung. Nachteilig ist die geringe Hitzebeständigkeit, Härte und biologische Abbaubarkeit. Wiederverwertung ist unrentabel und es bleibt nur die thermische Verwertung.
Beispiele dafür sind Folien aus PE Polyethylen, Küchengeschirr aus PP Polypropylen, CD hüllen oder Jogurt Becher aus PS Polystyrol, PVC, PET und mehr.

Elastomere
Wie der Name sagt, handelt es sich um elastische Kunststoffe deren Erweichungspunkt über der Raumtemperatur liegt. Beispiel dafür sind NR Naturkautschuk, CR Chlor Butadien Kautschuk, Kautschuk für Dichtungen Gummibereifung, Schläuche uvm.

Duromere
Duroplaste sind Kunststoffe die sich nach dem Aushärten nicht mehr verformen lassen. Beispiele dafür sind, Schutzhelme, elektrische Isolatoren, Glasfaserverstärkte Werkstoffe, Karosserieteile usw.
Markennamen sind Bakelit, Erinoplast oder Novotex.

KUNSTSTOFFE

Kurzzeichen	IUPAC-Name	
ABS	Acrylnitril-Butadien-Styrol	Thermoplast
ASA	Acrylester-Styrol-Acrylnitril	Thermoplast
BR	Butadien Kautschuk	Elastomer
CA	Celluloseacetat	Thermoplast
CN	Cellulosenitrat-Zelluloid	Thermoplast
CR	Chloropren-Kautschuk_Neopren	Elastomer
EP	Epoxidharz	Duroplast
EPM	Ethylen-Propylen-Copolymer (Kautschuk)	Elastomer
FEP	Perfluor (Ethylen-Propylen-) Kunststoff	Elastomer
FVMQ	Fluor-Silikon-Kautschuk	Elastomer
IIR	Butylkautschuk	Elastomer
IR	Isopren-Kautschuk	Elastomer
MF	Melamin-Formaldehyd Harz	Duroplast
NBR	Acrylnitril-Butadien-Kautschuk	Elastomer
NCR	Nitrilchloropren Kautschuk	Elastomer
NR	Naturkautschuk	Elastomer
PA	Polyamid-Nylon	Thermoplast
PAN	Polyacrylnitril	Faser
PC	Polycarbonat	Thermoplast
PCTFE	Polychlortrifluorethylen	Thermoplast
PE	Polyethylen	Thermoplast
PEEK	Polyetheretherketon	Thermoplast
PE-LD	Polyethylen, niedrige Dichte	Thermoplast
PEN	Polyethylennaphtalat	Thermoplast
PESU	Polyethersulfon	Thermoplast
PET	Polyethylenterephthalat	Thermoplast
PF	Phenol-Formaldehyd Harz Bakelit	Duroplast
PMMA	Polymethylmethacrylat-Plexiglas	Thermoplast
POM	Polyoxymethylen (Polyacetal)	Thermoplast
PP	Polypropylen	Thermoplast
PS	Polystyrol	Thermoplast
PTFE	Polytetrafluorethylen_Teflon	Thermoplast
PUR	Polyurethan	Thermoplast
PVC-P	Polyvinylchlorid weich	Thermoplast
PVC-U	Polyvinylchlorid hart	Thermoplast
SAN	Styrol-Acrylnitril	Thermoplast
SBR (SB)	Styrol-Butadien-Kautschuk	Elastomer
SI	Silikonelastomer	Elastomer
UP	ungesättigtes Polyester Harz	Duroplast
VC/E	Vinylchlorid /Ethylen	Elastomer

KUNSTSTOFF ANALYTIK

Wie können verschieden Kunststoffen für den Hausgebrauch mit wenigen physikalischen Tests unterschieden werden? Hier eine Auswahl an kleinen Tests.

Naturhaar oder Kunstfasern
Ein sicheres Unterscheidungsmerkmal ist die Brennprobe mit einem Feuerzeug. Kunstfaser schmilzt und Tierhaar brennt und verbreitet Horngeruch.
Auch im Mikroskop ist eine Faser, durch ihre glatte Struktur, leicht unterscheidbar.

Physikalische Tests
Die Dichte wird durch schwimmen in Wasser in größer oder kleiner 1g/cm³ unterschieden. Bei schwimmenden Proben wird die Eintauchtiefe eines regelmäßigen Körpers gemessen und damit die Dichte bestimmt.
Ein 10 cm langer Kunststoffstreifen sinkt zu 2/3 in Wasser ein. Die Dichte des Kunststoffs ist dann ca. 0,66g/cm³
Stoffe die schwimmen sind PE, PP, PA. Stoffe die schwerer als Wasser sind lassen auf PVC, PS oder PC schließen.

Elastizität, Klang und Bruchverhalten
Elastische Gegenstände, wie Gummibänder oder Autoreifen, sind als Elastomere leicht zu erkennen. Ein kleiner Falltest, bei dem man den Testkörper aus 30cm Höhe auf eine Tischplatte fallen lässt, kann einen hellen, klirrenden oder einen dumpfen Klang erzeugen.
Das Bruchverhalten von Kunststoffen ist eine wichtige Eigenschaft für die Anwendung und wird in unzerbrechlich, zäh oder spröde unterschieden.

Entweichungsprobe
Ein kleines fingernagelgroßes Stück wird in einer Eprouvette zuerst leicht und dann kräftig erwärmt. Das Schmelzverhalten, die entweichenden Gase und der Geruch werden beurteilt. Die Rauchgase können zusätzlich Auskunft geben und ein pH Test, mit einem angefeuchteten pH Teststreifen, liefert weitere Aussagen.

Brennprobe
Ein Stück wird mit einer Pinzette oder Zange in die rauschende Flamme gehalten. Die Brennbarkeit und das Verhalten nach dem Entflammen, wird beurteilt.
Bei der Flamme achtet man auf Ruß, Helligkeit und Farbe.

Lösungsmittel
Einige Kunststoffe lösen sich in unpolaren Lösungsmittel wie Aceton oder Ethylacetat. Ein Kriterium für Unterschiede.

Beilsteinprobe
Ein ausgeglühtes Kupferblech wird heiß an den Kunststoff gehalten und dann in die rauschende Flamme. Eine intensive Grünfärbung der Flamme zeigt organisches Chlor an. (PVC)

KUNSTSTOFF ANALYTIK

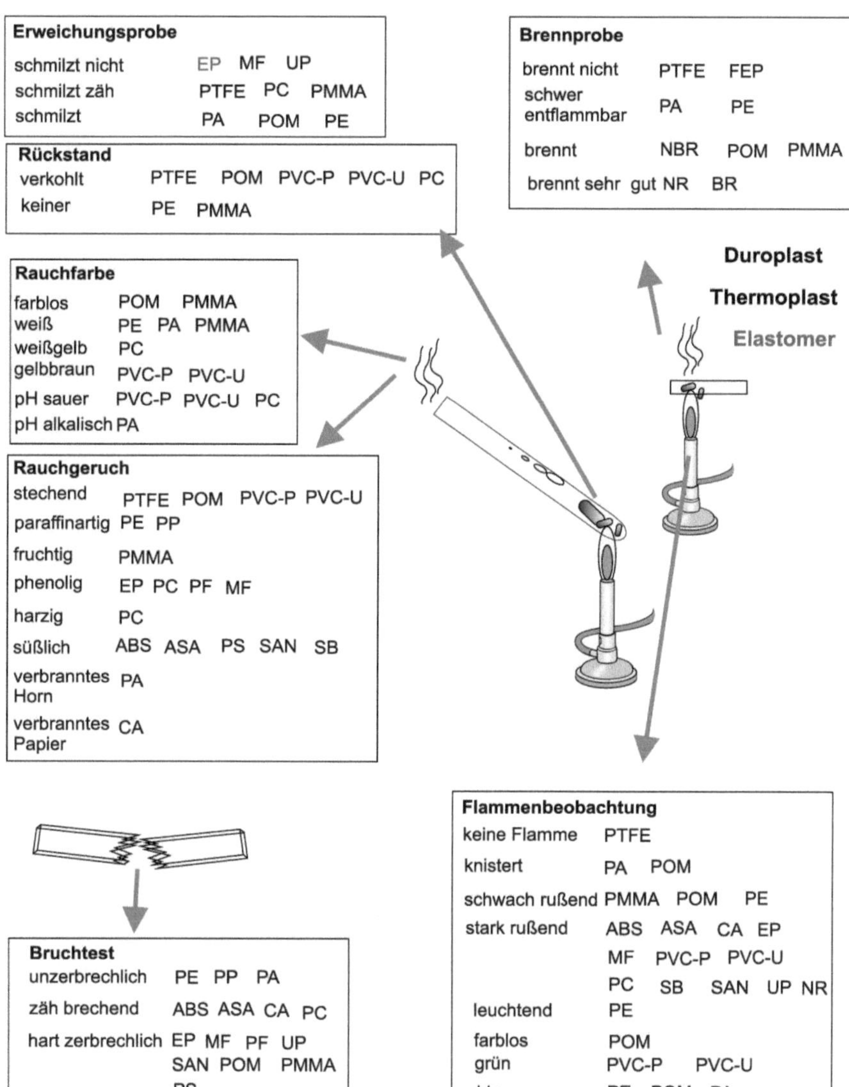

FARBEN UND LACKE I

Farben sind chemische Verbindung die einen Teil des sichtbaren Lichts absorbieren. Das restliche Lichtspektrum wird gestreut und bildet die Komplementärfarbe.

Komplementärfarbe heißt, dass beim Fehlen einer bestimmten Wellenlänge, das normalerweise weiße Licht, in eine Richtung verschoben wird und damit die gegenüberliegende Farbe sichtbar wird.

Anwendungsgebiete

Je nach Material werden Farben für Holz, Metall, Wände, Textilien oder auch Lebensmittel benötigt. Farben sollen gut haften, schützen oder einfach den optischen Reiz und damit den Umsatz erhöhen. Es entsteht die bunte Welt die wir kennen.

Farben und Lacke

Lacke sind Mischungen aus einem Farbstoff, Bindemittel, Lösungsmittel, Zusatzstoffen, die dem Anwendungsgebiet angepasst sind.

Farbstoffe: Die Farben enthielten früher oft giftige Schwermetalle. Heute werden Farben aus der Erdölchemie gewonnen und sind chromophore Verbindungen mit Bezeichnungen wie Azo-, Carbonyl-, Triphenylmethan-, Porphin- , Phtalocyanin oder einfach Nitrofarbstoffe. Gesundheitlich unbedenklich sind natürliche Farbstoffe wie Kalk, und für Lebensmittel eingesetzte Farbstoffe, die aus natürlichen Quellen wie Paprika, Curcuma Pflanzen, Karotten oder Brennnessel gewonnen werden. Gesetzlich geregelt werden Lebensmittelfarben, mit den schon bekannten E-Nummern, von E100-E180.

Bindemittel: Bindemittel halten die Farbe zusammen und verbinden sie nach dem Trocknen mit dem Untergrund. Bei Mineralfarben wird die Bindung durch Kaliwasserglas hergestellt. Das Kohlendioxid der Luft regiert mit der Verbindung und es entsteht ein witterungsbeständiger Anstrich.

Andere Bindemittel sind Kunstharze, Epoxidharze, Melaminharze die an der Luft polymerisieren. Ein kleiner Teil bleibt jedoch unverkettet und die Gase können Kopfschmerz oder Übelkeit hervorrufen. Formaldehyd sollte in einem Lack nicht vorhanden sein.

Lösungsmittel: Lösungsmittel geben dem Lack, der Farbe, die richtige Konsistenz, um sie auf eine Oberfläche aufzutragen. Wand und Dispersionsfarben haben als Lösungsmittel Wasser. Bei Holz- oder Metalllasuren kommen verschiedenste Lösungsmittel zum Einsatz.

Problematische aromatische Lösungsmittel sind Toluol, Xylol, Nitrolacke die Schwindel und Kopfschmerz hervorrufen können.

Aliphatische Lösungsmittel wie Methanol, Aceton, Methylethylketon reizen die Nasenschleimhäute und wirken narkotisch.

Als besonders gefährlich werden die chlorierten Kohlenwasserstoffe, wie Tetrachlorkohlenstoff, Trichloräthan oder Trichloräthylen eingestuft.

Zusatzstoffe: Als Zusatzstoffe sind, bei Wasser als Lösungsmittel, Konservier Stoffe notwendig. Diese können Formaldehyd abspalten und schädigen so das Raumklima. Weiters sind Weichmacher oder Trockenstoffe als Zusatzstoffe enthalten.

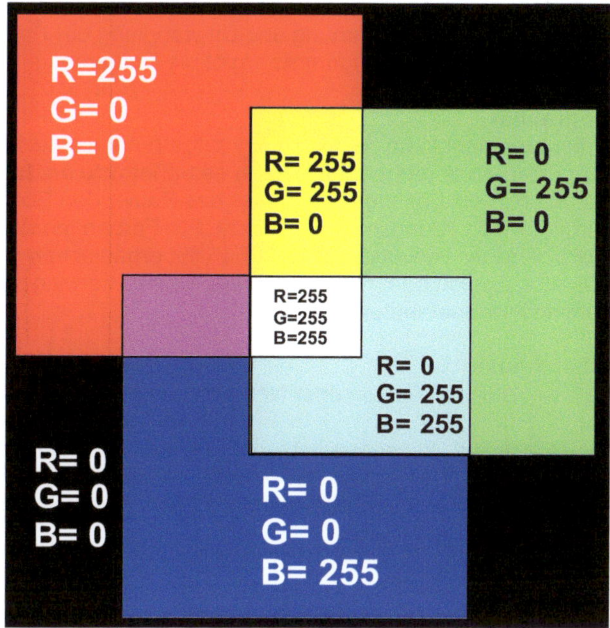

RGB Farbraum

FARBEN UND LACKE II

Sicherheit und Giftigkeit

Es gibt keine Deklarationspflicht für alle Inhaltsstoffe der Farben. Gerade für Spielwaren, die von Kindern in den Mund genommen werden können, haben sich verschiedene Sicherheitssiegel herausgebildet. Eines der aussagekräftigste Sicherheitssiegel ist in Deutschland der Blauer Engel. Sicherheitsdatenblätter oder Technisches Datenblätter können im Internet eingesehen werden. Hier weisen die Sicherheitshinweise, auf notwendige Schutzmaßnahmen und auf die Giftbelastung hin.

Qualitätsmerkmale bestimmen

Drei Kriterien sind für eine hochwertige Farbe verantwortlich. Der Gehalt an Bindemittel, der Gehalt an Farbpigmenten und die Umweltverträglichkeit. Wasserhaltige Farben werden je nach Abriebbeständigkeit, in 5 Klassen eingeteilt. Je niedriger die Zahl umso höher die Festigkeit. Ablösen und Abblättern soll kein Thema sein.
Auch das Deckungsvermögen ist ein Faktor, der sich im Preis negativ, aber in der Arbeitszeit positiv auswirkt.
Testanstriche zeigen die Farbe, wie sie nach der Verarbeitung aussieht. Ein Biegetest auf einem Karton liefert Aussagen über die Elastizität.

Farben bestimmen

Mehrere Apps ermöglichen die Bestimmung und Umwandlung der Farben in IT Codes. Die Mischung der einzelnen Pigmente ergibt die Endfarbe.

Papierchromatographie

Mit einfachem Filterpapiertest kann die Mischung aufgetrennt werde.1Tropfen Farbe wird auf ein Filterpapier aufgetragen. Nach dem Eintrocknen, hängt man den Filterpapierstreifen in ein Lösungsmittel, dass das Papier den Boden berührt, ohne das der Farbfleck ins Lösungsmittel eintaucht. Für Farben mit Wasser als Lösungsmittel, wird Wasser verwendet. Für Farben mit organischen Lösungsmittel Ethanol, Aceton oder Petroläther. Die Farben trennen sich durch die Kapillarwirkung in ihre Bestandteile.

Lösungsmittel bestimmen

Schon am Geruch ist Xylol von Aceton oder Nitroverdünnung zu unterscheiden.
Test mit Wasser
Eine kleine Menge Farbe mit Wasser versetzen. Entstehen 2 Schichten dann handelt es sich um aromatische Kohlenwasserstoffe, chlorierte Lösungsmittel oder Testbenzin. Mischt sich die Farbe mit Wasser ist als Lösungsmittel Aceton, Alkohole oder eben Wasser enthalten.

Beilsteinprobe,

Eine Tropfen der Farbe wird auf ein Kupferblech gegeben und in der rauschenden Flamme verbrannt. Hier sieht man zuerst ob die Farbe brennt und durch eine intensive Grünfärbung der Flamme werden chlorierte Kohlenwasserstoffe als Lösungsmittel angezeigt.

122

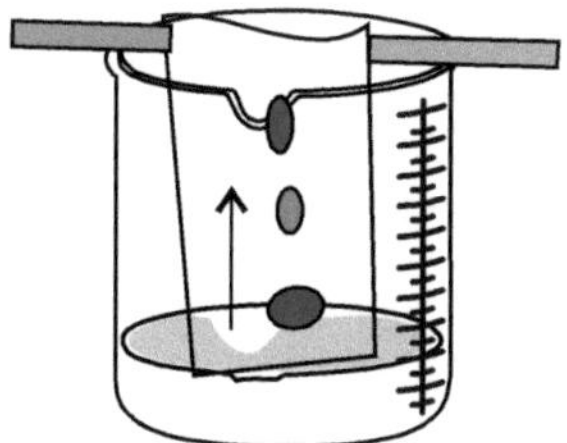

Chromatographie auf Filterpapier

Das Lösungsmittel steigt durch die Kapillarwirkung nach oben und trennt den Farbpunkt in seine Bestandteile auf.

---

2 Mögliche Gefahren

· *Einstufung des Stoffs oder Gemischs*
· *Einstufung gemäß Verordnung (EG) Nr. 1272/2008*

GHS02 Flamme

Entz. Aerosol 1 H222 Extrem entzündbares Aerosol.

GHS07

Augenreiz. 2   H319 Verursacht schwere Augenreizung.
STOT einm. 3   H336 Kann Schläfrigkeit und Benommenheit verursachen.

· *Einstufung gemäß Richtlinie 67/548/EWG oder Richtlinie 1999/45/EG*

Xi; Reizend

R36:   Reizt die Augen.

F+; Hochentzündlich

R12:   Hochentzündlich.

R66-67:   Wiederholter Kontakt kann zu spröder oder rissiger Haut führen. Dämpfe können Schläfrigkeit
und Benommenheit verursachen.
· *Besondere Gefahrenhinweise für Mensch und Umwelt:*
Das Produkt ist kennzeichnungspflichtig auf Grund des Berechnungsverfahrens der "Allgemeinen
Einstufungsrichtlinie für Zubereitungen der EG" in der letztgültigen Fassung.
Bei längerem oder wiederholtem Hautkontakt kann Dermatitis (Hautentzündung) durch die entfettende
Wirkung des Lösungsmittels entstehen.
Vorsicht! Behälter steht unter Druck.

· *Kennzeichnungselemente*
· *Kennzeichnung gemäß Verordnung (EG) Nr. 1272/2008*
Das Produkt ist gemäß CLP-Verordnung eingestuft und gekennzeichnet.
· *Gefahrenpiktogramme*

GHS02   GHS07

Auszug aus einem Sicherheitsdatenblatt

Seit Urzeiten verwendet der Mensch Klebstoffe wie Baumharze oder Stärke als Kleister. Heute ist ohne Klebetechnik weder Fahrzeugbau, noch Elektronik denkbar. Eine große Anzahl an verschieden Klebstoffen wird laufend entwickelt die sich den Oberflächen und den Anforderungen anpassen.

Kleben durch Adhäsion und Kohäsion

Klebstoffe sind Stoffe die durch Oberflächenhaftung (Adhäsion) und innerer Festigkeit (Kohäsion), zwei Werkstücke zusammen halten. Das heißt ein Kleber muss sich an fremden Oberflächen anhaften und zudem auch selbst, innerlich fest sein.

Adhäsionskräfte finden zwischen unterschiedlichen Materialen statt. Diese Kräfte entstehen durch molekulare Wechselwirkungen aber selten durch echte chemische Bindungen. Farbe die an der Wand hält, Leim der am Holz hält sind Beispiele dafür.

Kohäsionskräfte finden sich zwischen den gleichen Teilchen eines Materials und halten es in sich zusammen. Dabei handelt es sich um chemische Polymerisationsreaktionen, oder Verklammerungen von gleichartigen Moleküle.

Klebstoff und Materialoberfläche

Die Aussage «Alleskleber» ist irreführend. Da der Klebstoff der Materialoberfläche angepasst sein muss, gibt es für verschieden Anwendungen unterschiedliche Kleber. Einteilung der Klebstoffe kann einerseits nach ihrer Herkunft, in organisch oder anorganisch, eingeteilt werden und andererseits nach der Abbindungsart in physikalisch oder chemische Kleberstoffe.

Leim

Der bekannteste und seit Jahrtausenden verwendete Klebstoff ist Leim. Er wird durch auskochen von tierischen Abfällen gewonnen und sein Hauptbestandteil ist das Glutin, eine Eiweißverbindung. Ein anderer natürlicher Klebstoff ist der Kaseinleim, aus Kasein und gelöschtem Kalk. Dieser ist sehr widerstandsfähig gegen Hitze und Wasser, da er nach dem Aushärten nicht mehr mit Wasser mischbar ist.

Heute werden natürliche Leime durch Kunstharzleime ersetzt, die aber Formaldehyd enthalten und damit das Raumklima belasten können. Formaldehydarme und Polyurethanleime sind die moderne Variante des Holzleims beim Tischler und in Spanplatten.

Holzleim wird nach Wasser- und Witterungsbeständigkeit in 4 Gruppen von D1-D4 unterteilt. Die höchste Stufe wasserbeständig im Außenbereich entspricht D4.

Physikalisch abbindende Klebstoffe

Hauptsächlich haben wir in Schule und Haushalt mit physikalisch abbindende Klebern zu tun. Die Aushärtung erfolgt durch Lösungsmittelverdunstung, erkalten, oder Polymerisierung. Oft ist auch eine dauerklebrige Masse erwünscht, wie bei Klebebändern oder Etiketten.

Als Klebstoffe werden Leim, Polymere, Kautschuk, Polyurethane verwendet. Als Lösungsmittel finden man Wasser, Ethylacetat, Ketone, 2-Butanone oder Tetrahydrofuran.

Eine grobe Einteilung unterscheidet in Nass-, Kontakt-, Schmelz-, und Haftklebstoffe.

Klebstoffe nach Art der Abbindung			
Physikalische abbindende Klebstoffe			
Klebstoff	**Art der Abbindung**	**Inhaltsstoffe**	**Anwendung**
Nassklebstoff	Lösungmittel verdunstet	Polyvinylester, Polymethylmethaacrylat, Kautschuk	Klebestifte, Holzleim, PVC Kleber, Alleskleber
Kontaktklebstoff	diffundiert in die ober Materialschicht ein	Polyurethane, Butadiene Acrylnitril Kautschuk	Kraftkleber, Schuhkleber, Fußbodenkleber
Schmelzklebstoff	erstarrt beim Erkalten	Polyamide, Polyester, Ethylen-Vinylacetat-Polymere	Heikleber, Fahrzeugbau, Textil und Schuhkleber
Haftklebstoff	dauerklebrige Masse	Polyvinylether, Naturkautschuk	Klebebänder, Heftplaster, Ettiketten
Chemisch abbindende Klebstoffe			
Einkomponentenkleber			
Sekundenkleber	Polymerisation Einkomponentenkleber	Cyanacryl-säureester	Glas, Gewebe Sprühverband,
strahlen härtbare Klebstoffe	durch UV Licht Polymerisation	Epoxyacrylate, Polyesteracrylate	Zahntechnik, Glaskleber, Transparente Kunsstoffe
Zweikomponentenkleber			
Methylmethaacrylat	Polymerisation	Methacrylsäure methylester	Kunstoffe kleben
Phenolformaldehyd harze	Polykondensation	Phenol, Formaldeyhd	Spanplatten, Bremsbelege
Silcone	Polykondensation	Organische Polysiloxane	Dichtungen Elektrotechnik
Polyurethane	Polyaddition	Isocyanante und Polyole	Karrosseriebau, Glasscheiben, gut dehnbar
Epoxidharzklebstoffe	Polyaddition.	Oligmere Diepoxide undPolyaminde oder Polyamidamine	Fahrzeug und flugzeugbau, Karrosseriebau,

Chemisch abbindende Klebstoffe

Bei chemischen Reaktionsklebstoffen werden die Polymerreaktionen erst durch verschieden Reaktionspartner eingeleitet. Eine, oder mehrere Komponenten werden vermischt und aus einfachen monomeren Verbindungen entstehen, durch eine chemische Reaktion, Polymere die sich stark vernetzen und dadurch eine hohe Festigkeit bilden.

Bei Einkomponentenkleber, wie Sekundenkleber, erfolgt die Reaktion durch Luft, Luftfeuchtigkeit, Temperatur oder UV Strahlung. Diese Klebstoffe finden bei Zahntechnikern Anwendung.

Chemisch handelt es sich bei solchen Stoffen um Cyanacrylsäureester (Superkleber), der in der USA als Wundkleber verwendet wird.

Zweikomponentenkleber bestehen aus Methacrylsäure, Phenol und Formaldehyd, oder aus Epoxiden.

Test für Klebstoffe.

Braucht man für bestimmte Zwecke einen Kleber so empfiehlt es sich, verschieden Kleber zu vergleichen. Solche Tests sollen dem späteren Verwendungszweck angepasst sein.

Definierte Klebestellen, das heißt zwei gleich große (z.b. 10cm²) Oberflächen, werden miteinander nach Vorschrift des Herstellers verklebt. Anpressdruck und Aushärtezeit beachten. Danach wird die Zugfestigkeit bestimmt, die die Klebestellen aushalten, bis sie auseinanderreißen.

Zugfestigkeit

Die miteinander verklebten Teile, werden im Winkel von 90° ,mit Hilfe von Gewichten, oder einer Kofferwaage, auseinander gezogen. Die Angaben werden dann auf g/mm² oder kg/cm² umgerechnet.

Bei Klebestreifentest, kann die Kraft eines bestimmten Stück Klebeband, auf einem Material getestet werden oder die Abrollkraft die notwendig ist um es von der Rolle zu ziehen.

Temperatur

Auch Temperaturbelastung ist bei Klebestellen im Freien oft ein Thema. Die Zugfestigkeit wird dann, nach einer Belastung über Wasserdampf, oder einige Stunden im Gefrierschrank, wiederholt.

Lösungsmittel bestimmen

Neben dem Sicherheitsdatenblatt und dem Geruch, kann man selbst, durch den Siedepunkt, das Lösungsmittel bestimmen.

Eine kleine Menge Klebstoff wird in einer Eprouvette langsam erwärmt. In die aufsteigenden Dämpfe (nicht einatmen), wird ein Thermometer gehalten. Die Siedetemperatur gibt Aufschluss über das Lösungsmittel.

KLEBSTOFFE II

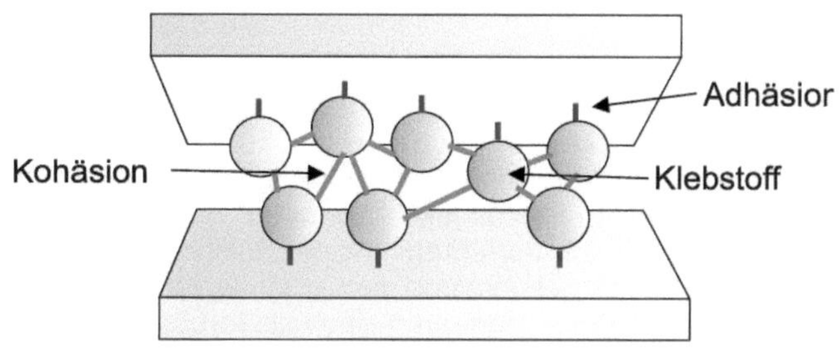

Warum Kleber klebt?

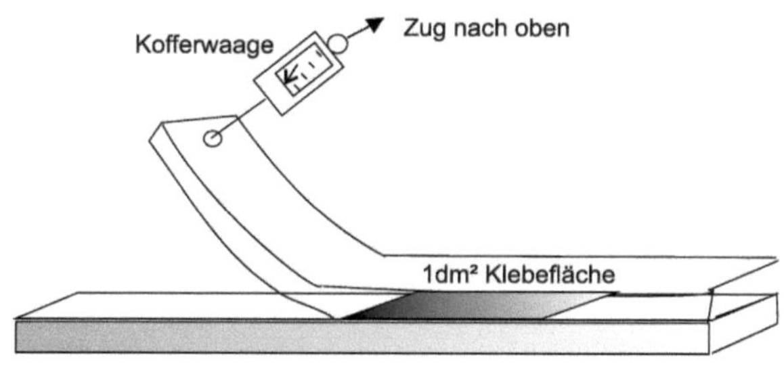

Testen der Zugfähigkeit

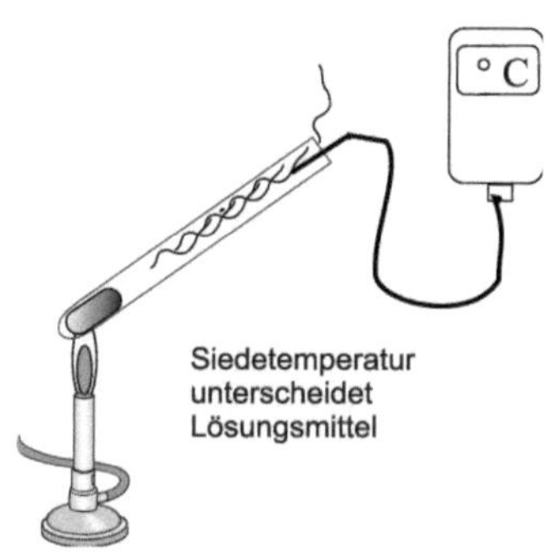

Bestimmen des Lösungsmittel

PAPIER

Papier ist eines der wichtigsten Produkte in unserem Leben. Es wird aus Holz hergestellt und für verschiedene Anwendungen wie Schreibpapier, Hochglanzpapier, Zeitungspapier, Kartonagen oder Hygienepapier mit Zusätzen angepasst. Die Krönung findet Papier in unseren Geldscheinen, die sogar einem Waschvorgang standhalten.

Zellstoff (Cellulose)

Papier wir aus Cellulose hergestellt und dieses Polysaccharid erhalten wir aus Baumwolle oder aus Holz. Trockenes Holz besteht zu 50% aus Cellulose. Diese Cellulose Fasern müssen aus dem Holzstoff (Lignin ca. 30%) und aus Hemicellulose sowie Harzstoffen herausgekocht werden.

Das zerkleinerte Holz wird je nach Verfahren, in einer Sulfit oder Sulfat Lösung, bei 150-180°C und 10bar Druck gekocht und die Cellulose von den restlichen Holzinhaltsstoffen abgepresst. Beide Verfahren sind mit Geruchsbelästigung der Umgebung verknüpft.

Der braune Zellstoff wird anschließend mit Wasserstoffperoxid oder Ozon gebleicht und erhält so, seine weißes Aussehen.

Papierherstellung

Der Zellstoff wird in Papiermaschinen gepresst und durch Zugabe von Füllstoffen wie Bariumsulfat, Gips, Kalk, Kaolin oder Titanoxid entstehen verschieden Papier Produkte. Dabei ist je nach Anwendung die Reißfestigkeit, Beständigkeit und Oberflächenbeschaffenheit, ein Unterscheidungsmerkmal. Zusätzliche Beschichtung der Oberfläche mit Leim, Harz, Paraffine, Gips, Farbstoffe lassen noch weitere Papiersorten entstehen.

Gestrichenes Papier: Ist ein- oder beidseitig mit einer Streichmasse beschichtet.

Hadernpapier: enthält mindestens 10% Lumpen, Baumwolle oder Hanf. Für Dokumente oder Geldscheine.

Karton: Ist Papier mit entsprechender Dichte ab 170g/m²

Kopierpapier: Ist holzfreies Naturpapier für Drucker

Löschpapier: Ist sehr saugfähig aus Altpapier und Zellstoff aber ungeleimt.

Pergamentpapier: Ist fettdichtes und wasserabweisendes Zellstoffpapier. Echtes Pergament wird aus Tierhäuten hergestellt.

Recyclingpapier: Besteht aus 100% Altpapier.

Seidenpapier: Alle dünnen Papier unter 25g/m2 Gewicht.

Thermopapier: Ist mit hitzeempfindlichen Entwickler beschichtet. Durch Wärmeeinwirkung entsteht schwarzer Farbstoff.

Toilettenpapier: Ist aus Zellstoff und sehr saugfähig.

Zeitungspapier: Lignin haltiges Papier mit Holzschliff.

Papier Dichte

Die Dichte eines Papiers ergibt sich aus, dem Gewicht und dem Volumen (Dicke). Praktischer Weise werden mehrere Blätter gewogen und gemessen.

Papierdicke (µm) = Spezifisches Volumen (cm³/g) x Flächengewicht in (g/m²)

Veraschung

Verschieden Papiere haben verschieden Verbrennungsrückstände. Ein Bogen Papier wird abgewogen und in einer Kaffeetasse verbrannt. Der Ascherückstand wird zurückgewogen und entspricht der Menge an anorganischen Anteilen im Papier.

PAPIER

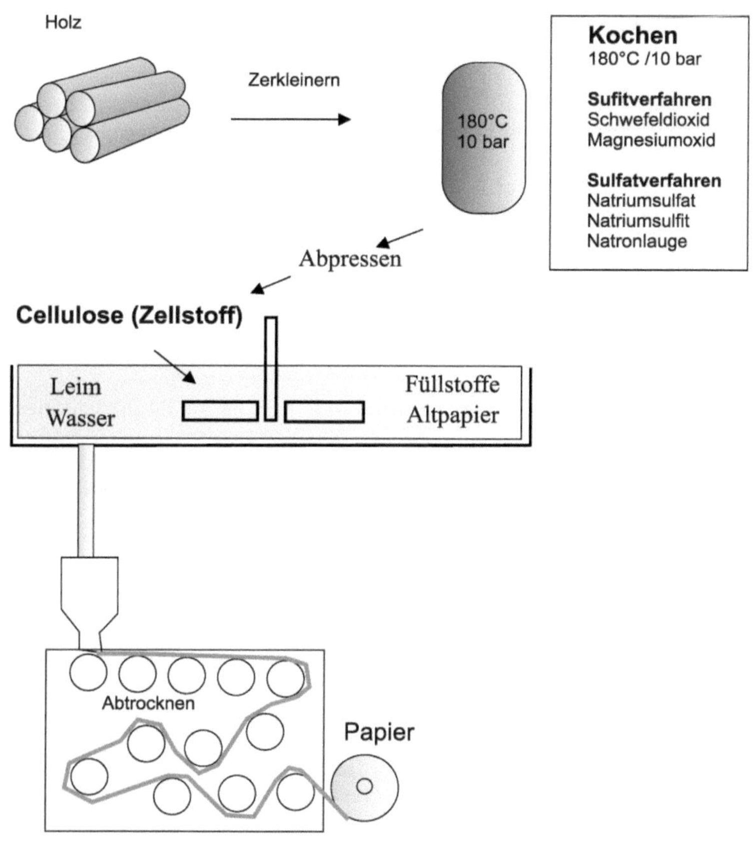

Papierherstellung

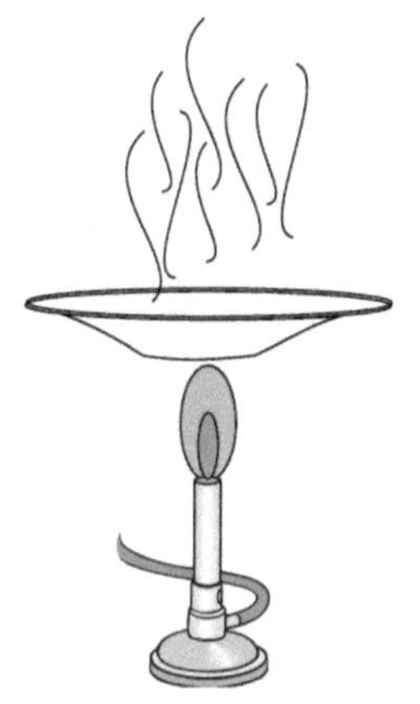

Aschegehalt bestimmen

Wieviel Füllstoffe sind im Papier
a) Teller leer wiegen
b) Teller mit Papier wiegen
c) Teller mit Asche wiegen

Versuch im Freien durchführen!

GELD

Woraus Papiergeld hergestellt wird, ist ein Geheimnis der Nationalbanken.
Grundstoffe sind Lumpen (Baumwolle) oder Hanf.
Neben dem außergewöhnlichen Papier sind auch noch andere
Sicherheitsmerkmale eingebaut um Geldscheine fälschungssicher zu machen,
werde auch immer neue Auflagen, mit neuen Merkmalen, ausgegeben.

Geldanalyse echt oder falsch?

Um die Echtheit eines Geldscheins zweifelfrei zu prüfen gibt es eine Vielzahl an
«Tests»
Hier die wichtigsten Merkmale:
Als Analysewerkzeuge reichen unsere Sinne aus: ***Fühlen- Sehen- Kippen*** ist
angesagt.

Fühlen von Dollars und Euros:

Banknotenpapier ist ein ganz besonderes Papier. Es ist mit 84g/m² dünner als
«normales» Papier und fühlt sich steifer an. Alte Scheine sollten sich genauso
anfühlen wie Neue und der Vergleich mit einem echten Schein macht noch
sicherer. In Kleidungsstücken vergessen und bei 60°C gewaschen, könnte dieses
Gefühl täuschen. Der Schein ist aber trotzdem echt.
Ebenfalls erfühlbar, ist der Druck an der Oberfläche. Wertzahl, Fenster, Türen
oder Porträt sind erhaben.

Sehen

Sowohl Dollars wie Euros haben ein Wasserzeichen. Dieses ist gegen das Licht
sichtbar und nicht aufgedruckt. Die Ränder und Siegel sind scharf begrenzt.
Beim Euro ist die Wertzahl teilweise vorne und teilweise hinten abgebildet, sodass erst gegen das Licht die gesamte Wertzahl entsteht.
Der Sicherheitsfaden ist mit dem Wert der Banknote beschriftet (Lupe) und je
nach Wert, an verschieden Stellen des Scheins. So wird verhindert das billige
Banknoten entfärbt werden können, um höherwertige darauf zu drucken.
Mit der Lupe sind auch Microschriften zu sehen, die Fälscher meist nicht drucken
können und Kopierer schon gar nicht. Außerdem haben alle Dollarnoten blaue und
rote Fasern ins Papier eingewebt.

Kippen

Befinden sich auf den Geldscheinen Hologramme, so ändern sich die Darstellung
beim Kippen. Auch die Druckfarbe selbst wechselt von Rot zu Braun, oder von
Grün zu Blau.
Beim Euro wechselt vor allem die Wertzahl ihre Farbe. Einige Banknoten haben
einen Irodinstreifen, der glänzt wie ein Klebestreifen bei 5,10 und 20 € Scheinen.

UV Lampe Schwarzlicht

Leuchtet der gesamte Schein helle auf, so handelt es sich um eine Fälschung. Bei
Euroscheine sind kleine, hell leuchtende Fasern im Papier. Bei Dollarscheinen
leuchtet der Sicherheitsstreifen auf. 5 Dollar = blau, 10 Dollar = orange, 20 Dollar
= grün, 50 Dollar = gelb, 100 Dollar = rosa.

SEHEN
Wasserzeichen und die Teilzahl 50 ergibt erst bei der
Durchsicht eine gesamte Zahl

KIPPEN
Die Farbe der Zahl wechselt von Rot auf Braun .
oder von grün nach blau

KIPPEN
Hologramm zeigt mehrere Darstellungen beim Kippen

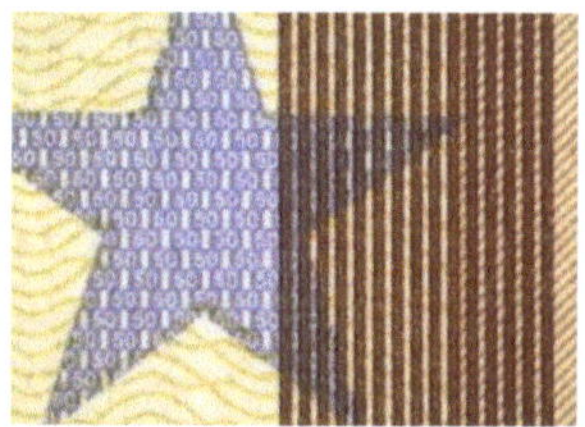

FÜHLEN
Horizontale Linien sind spürbar

LUPE
Mikroschrift ist nur mit Lupe
erkennbar

In einem abgeschlossenen System ist die Summe aller Energien konstant. Die
Gesamtenergie bleibt erhalten.
Energieerhaltungssatz der Physik

7 Wärme und Energie

Was ist Energie und in welcher Form wird sie verwendet? Wieviel elektrische
Energie verwenden wir in unseren Haushaltsgeräten? Heizen im Winter und
Kühlen im Sommer? Ob Gas, Öl, Holz oder elektrische Energie bei diesem Thema
treffen sich Physik und Chemie.

ENERGIE

Unser gesamtes Leben ist eng mit dem Verbrauch von Energie verbunden.
Verschiedene Energieformen, Energieumwandlungen werden benötigt um
Wirtschaft, Transport, Verkehr, Haushalt und Freizeit am Laufen zu halten.
Energie ist Leben und Leben ist Energie.

Energieerzeugung, Verbrauch, Erhaltung

Physikalisch kann Energie weder erzeugt noch verbraucht werden. Praktisch
versteht man unter Energieerzeugung und Energieverbrauch, den Prozess der
Umwandlung, von einer Energieform in eine andere. Wird in Wasserkraftwerken
aus potentieller Energie der Lage, über die Bewegungsenergie und Generatoren,
elektrische Energie erzeugt (umgewandelt), so wird diese Energie im Haushalt
durch kochen, heizen, oder fernsehen, verbraucht und als Abwärme in die
Umwelt wieder abgegeben. Der Energieerhaltungssatz der Physik sagt eben, dass
Energie nicht aus dem Nichts erzeugt werden kann und auch nicht vernichtet
werden kann. Die Summe des Systems, bleibt konstant, nur die Energieformen
ändern sich.

Energieformen

Lage und Bewegungsenergie

Körper die durch ihre erhöhte Lage Arbeit verrichten können, haben eine
potentielle Energie. Wird diese Energie genutzt, so wir sie zur Bewegungsenergie
(kinetische). Beispiel aus der Praxis ist das Wasserkraftwerk, wo aufgestautes
Wasser mit Turbinen, in Bewegung umgewandelt wird.

Chemische und Wärmeenergie

Chemische Energie wird beim Verbrennen von fossilen Brennstoffen frei. Diese
kann dann zum Heizen oder in Motoren zur Fortbewegung genutzt werden.

Licht, Sonnenenergie

Licht wird von der Sonne als Strahlungsenergie ausgesandt oder wird durch
elektrische Energie angeregt. Die Sonnenenergie entsteht durch die Fusion von
Wasserstoff zu Helium.

Elektrische und Magnetische Energie

Elektrische Energie ist einer der wandelbarsten Energieformen und daher für den
Hausgebrauch so wichtig. Motoren, Heizen, Licht, elektronische Geräte alles wird
durch elektrische Energie am Laufen gehalten.

Messen von Energie, Arbeit und Leistung

Hebt man 1kg gegen die Schwerkraft 1m in die Höhe so hat man die Arbeit von
9,80665 Newton Meter (Nm) oder 1 Kilopond Meter 1kpm verrichtet. Der Körper
enthält diese Energie nun als potentielle Energie.
Andere Einheit dafür ist 1 Joule = 1 Nm = 1Wattsekunde
1 kWh (Kilowattstunde) entspricht 367098kg (367Tonnen) die 1m hochgehoben
werden. Diese Umrechnung zeigt sehr gut wie viel Arbeit in 1kWh elektrischer
Energie steckt.
Leistung ergibt sich aus der Arbeit in einer bestimmten Zeit.
1kg 1Meter in 1 Sekunde hochheben ergibt 1mkp/s
75kg 1Meter in 1 Sekunde ergibt die alte Einheit **1 PS** oder 0,7355kW. Für die
Wärmeenergie wir die Einheit kcal verwendet. Dies ist jene Energiemenge die
einen Liter Wasser um 1°C erwärmt. 1kcal=4,186kJ = **0.001163** kWh
Umrechnungen in alle Richtungen finden sich im Internet und Apps
https://www.unitjuggler.com/energy-umwandeln-von-kcal-nach-kWh.html

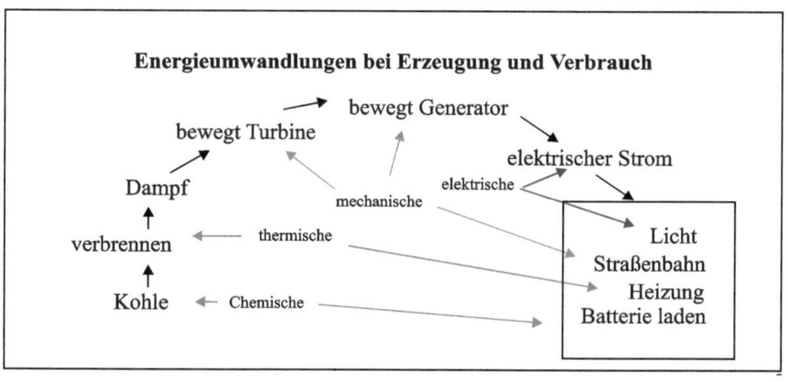

Heizwerte verschiedener Stoffe		
Feststoffe		
Altreifen	8,7	kWh/kg
Braunkohlebriketts	5,6	kWh/kg
Braunkohlekoks	8,3	kWh/kg
Holzkohle	7,8-9,7	kWh/kg
Holzbellets	4,9	kWh/kg
Lufttrockenes Holz	4,4	kWh/kg
Papier	4,2	kWh/kg
Steinkohle	7,5-9	kWh/kg
Stroh trocken	4,8	kWh/kg
Flüssigkeiten		
Benzin	15,2	kWh/Liter
Ethanol	9,37	kWh/Liter
Methanol	7,00	kWh/Liter
Diesel	14,21	kWh/Liter
Heizöl	11,22	kWh/Liter
Gase		
Wasserstoff	2,995	kWh/m³
Erdgas	8,6-11,4	kWh/m³
Methan	9,968	kWh/m³
Acetylen	15,693	kWh/m³
Propan	25,893	kWh/m³
Butan	34,2	kWh/m³

BRENNSTOFFE

Wärme und Energieerzeugung, ist eng mit dem Verbrennen von Gas, Öl, oder
Holz verbunden. Die daraus gewonnen Energie kann zur Erzeugung von Wärme,
Bewegung oder elektrischer Energie genutzt werden. Der gewonnene
Energiebetrag ist aber immer von der Qualität der Brennstoffe abhängig.

Energievergleich Gas, Öl, Holz, Stroh

Um die verschieden Brennstoffe in Preis und Leistung vergleichen zu können, ist
es wichtig die kWh zu kennen, die bei der Verbrennung anfallen. Andere Aspekte
wie problemloser Transport, sauberes Handling, billige Heizanlage, sind dabei
nicht berücksichtigt. Eine moderne Heizungsanlage, die eine optimale Ausbeute
der Wärme gewährleistet, ist Voraussetzung.

Schwierig ist es auch die Menge des Produkts anzugeben. Gase haben je nach
Druck und Temperatur verschiedenes Volumen. Öl hat eine Dichte von 0,8g/cm³
und dadurch sind Liter und Kilogramm nicht ident. Beim Holz ist die Feuchtigkeit
entscheidend, wieviel Energie als Heizenergie übrig bleibt. Da Holz nur bei Pellets
in kg angegeben wird sind Bezeichnungen wie Raummeter, Festmeter,
Schüttmeter gebräuchlich.

Berechnung der Gasmenge, Temperatur und Druck

Gas ist ein Naturprodukt das je nach Herkunft, Zusammensetzung, Betriebsdruck,
Luftdruck und Temperatur ein unterschiedliches Volumen hat. 1m³ Gas hat daher
unterschiedliche Heizwerte. Dies wird bei der Berechnung der kWh vom
Gaslieferanten berücksichtigt. Die Eckpunkte für diese Berechnung sind
gemessene m³ beim Anschluss, multipliziert mit einem durchschnittlichen
Brennwert, der zwischen 8-13kWh schwanken kann und vom Lieferanten
bestimmt wird. Die Höhe der Abnahmestelle (und damit den Luftdruck), die
Temperaturunterschiede, ob innen oder außen Messung und Betriebsdruck
werden durch eine Zusatzzahl bei der Berechnung berücksichtigt.

Je tiefer der Abnahmeort liegt umso mehr wird das Gas durch den Luftdruck
komprimiert und der Heizwert ist um je 100 Höhenmeter um ca. 1% höher.
Temperaturunterschiede von Außenmessung und Innenmessung ergeben einen
Preisunterschied von ca. 3%, allerding ist ein kaltes Gas, dichter als ein warmes
und hat daher auch mehr Heizwert.

Messen der Holzfeuchte und Heizwert

Holz hat je nach Holzart und Holzfeuchtigkeit verschieden Brennwerte. Damit
Preise und Brennwerte vergleichbar sind werden sie in kWh pro kg umgerechnet.

Dichte von Holz

Holz wird in verschieden Maßeinheiten zum Verkauf angeboten. Fest-, Raum-,
Schüttraummeter oder Tonne absolut trocken.

Jede Holzart hat eine spezielle Dichte in g/cm³. Diese Dichte kann man durch die
Schwimmprobe überschlagsmäßig bestimmen.

Ein gleichförmiger Quader wird in Wasser stehend eingetaucht. Die Eintauchtiefe
in % ergibt das Gewicht des Holzes. Taucht der Körper zu 55% ins Wasser ein so
entspricht das einer Dichte von 0,55 g/cm³. Die Abweichung von der bekannten
Dichte des trockenen Holzes, ergibt den groben Wassergehalt.

Feuchtigkeitsgehalt von Holz Pellets

100g Pellets werden auf ein Teller gewogen und im Backrohr bei 150 °C zwei
Stunden getrocknet. Die abgekühlte Probe wird zurückgewogen und der
Gewichtsverlust bestimmt.

(Einwaage minus Auswaage) x 100 dividiert durch die Einwaage = %
Wassergehalt

**Vor allem bei Holz ist die Feuchtigkeit ein entscheidender Faktor des
Heizwerts.**

BRENNSTOFFE

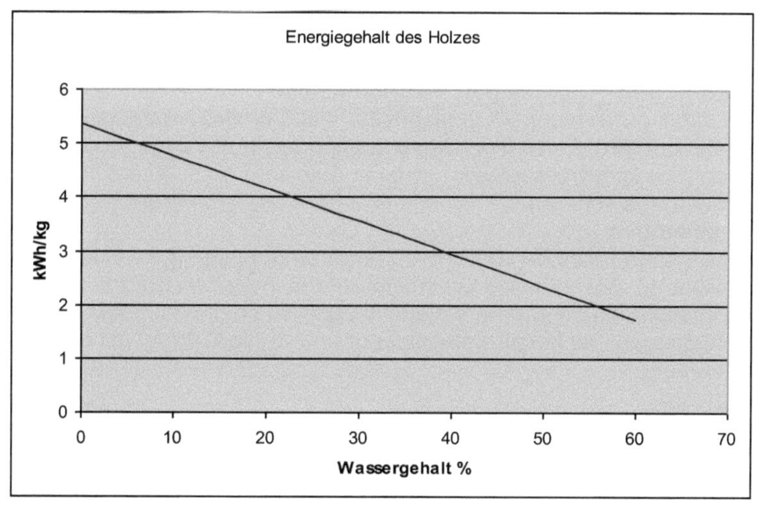

Holzquader im Wasser schwimmen lassen
Eintauchtiefe markieren
Gesamtlänge = 100%
Eintauchtiefe = z.B. 55%
Dichte von 0,55g/cm³

Handelt es sich um Fichtenholz hat das Holz
zum Soll 0,47g/cm³ 0,08g Abweichung.
Entspricht ca. 15% Wasser im Holz.

Holzarten und Dichte Trocken		
Fichte	0,47	g/cm³
Kiefer	0,52	g/cm³
Lärche	0,59	g/cm³
Birke	0,65	g/cm³
Buche	0,69	g/cm³
Eiche	0,67	g/cm³
Esche	0,69	g/cm³

Bestimmen der Holzfeuchte und des Heizwerts

<h1 style="text-align:center">LICHTENERGIE</h1>

Gerade bei den Beleuchtungsmitteln erlebt man derzeit einen großen Wandel. Die herkömmliche Edison Glühbirne von 1879 hat ausgedient. Grob teilt man die Lichtquellen in drei Gruppen auf. Temperaturstrahler, Entladungslampe, und LED`s.

Temperaturstrahler Glühlampen Halogenlampen

Licht wird dabei durch einen Widerstandsdraht aus Wolfram erzeugt der zum Glühen gebracht wird. Es wird bei dieser Lampenart viel Wärme produziert und damit ist der Energieverbrauch zur Lichtausbeute sehr hoch. Allerding ist die Farbenwiedergabe sehr gut.

Entladungslampen

Entladungslampen produzieren Licht, durch Stromdurchgang, in ionisierten Gasen oder Metalldampf. Bekannt sind Leuchtstoffröhren in großen Büroräumen oder Natriumdampflampen bei Straßenbeleuchtungen. Klein und kompakt liefern sie große Lichtmengen, bei langer Lebensdauer und wenig Wärme, mit guter Farbwiedergabe.

Licht emittierende Dioden LED

Bei LED wird Licht durch Elektro-Lumineszenz in einer oder mehreren Schichten von Halbleiter Kristallen erzeugt. Die Beleuchtung ist energiesparend, langlebig, flexibel und robust. Auch bei der Farbwiedergabe ist viel Spielraum bei LED`s.

Lumen, Candela, Lux und Watt

Die Angaben bei Lampen in Lumen sind für den Endverbraucher nicht aussagekräftig. Für den Anwender ist die Beleuchtungsstärke, die erzielt wird, entscheidend. Hier die Messbegriffe.

Lumen (lm): Ist die Einheit für die Lichtleistung einer Lampe. Wie viel Licht strahlt die Lampe nach allen Seiten ab. Eine 40 Watt Glühbirne hat ca. 400 Lumen (lm)

Candela (cd): Mit Candela wird die Lichtstärke angegeben die in eine bestimmte Richtung von der Lampe ausgesendet wird.

Lux (lx): Ist die Beleuchtungsstärke die von der Lichtquelle, auf einer Fläche unter einem bestimmtem Winkel, ankommt. Bei einem Schreibtisch sind zum Beispiel 500lx vorgeschrieben.

Kelvin (K): Gibt die Lichtfarbe einer Lampe an. Von rötlich gelb bis kaltem und bläulichem Licht wird unterschieden. <3300Kelvin gelblich und >5300 helles weißes Tageslicht.

Farbwiedergabeindex (Ra oder CRI) Ein RA von 100 stellt keine Abweichung zum Tageslicht bei den Farben dar. Möglichst hohe Werte lassen Farben echt erscheinen.

Watt (W): Watt ist eine Angabe der Stromleistung und ergibt sich aus Volt x Ampere bei 230Volt.

Um Leuchtmittel miteinander vergleichen zu können sind Angaben wie Lumen/Watt angegeben. Je mehr Lumen je weniger Watt umso günstiger im Verbrauch. Einkaufspreis und Lebensdauer sind weiterer entscheidende Faktoren.

Wie viel Beleuchtungsstärke kommt dort an wo ich sie brauche?

Die Angestrahlte Fläche (A) dividiert durch die Entfernung zum Quadrat.(E^2) ergibt ungefähr einen Steradiant. (sr)

Lumen dividiert durch Steradiant = Candela (cd)

Candela (cd) dividiert durch Entfernung ^{2} = Beleuchtungsstärke in Lux (lx)

Welche Beleuchtungsstärken wünschenswert sind ergibt sich aus der Anwendung.

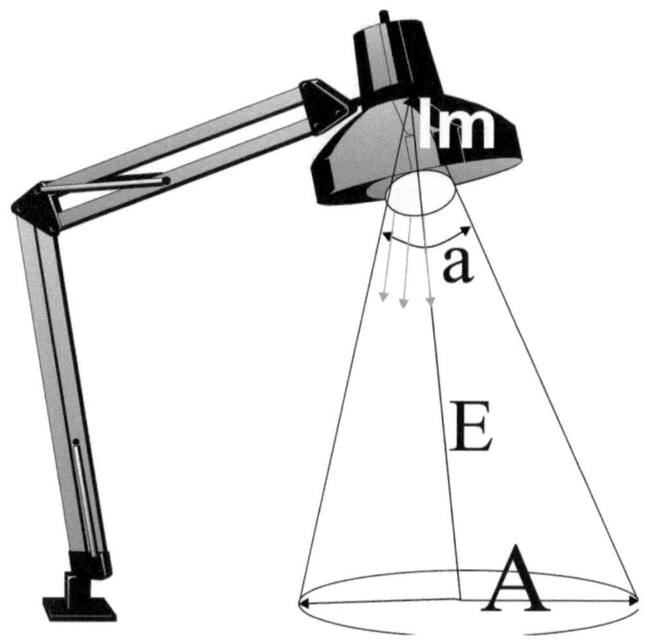

Steradiant berechnen:
$$sr = A / E^2$$

Candela berechnen:
$$cd = lm / sr$$

Lux berechnen:
$$lx = cd / E^2$$

A = Angestrahlte Fläche
E = Entfernung Lampe zu A
a = Abstrahlwinkel
lm = Lumen / Angabe auf der Lampe

Berechnung der Beleuchtungsstärke

ELEKTRISCHER HAUSHALT

Haushalt ohne elektrische Geräte ist undenkbar. Eine Vielzahl von Geräten für Kochen, Waschen, Heizen oder Unterhaltung begleitet uns einen ganzen Tag. Wie viel Energie wo gebraucht wird, ist messbar in Watt und Kilowattstunde.

Energieeffizient Label

Eine von der EU vergebene Werteskala von A-G sollte den Kauf von energiearmen Haushaltsgeräten fördern. Inzwischen ist A, als bestes Gerät, nicht mehr ausreichend und es werden Noten bis A+++ vergeben. Leider sagt die Bewertung nichts über den tatsächlichen Verbrauch aus und auch die % Energieersparnis zwischen zwei Bewertungen sind unterschiedlich.

Energie messen

Um echte Aussagen über den Energieverbrauch zu erhalten, kann man einerseits den Stromzähler ablesen, und andererseits im Fachhandel um wenig Geld ein Energiemessgeräte erwerben. Diese werden zwischen Steckdose und Stecker platziert und ein realer Verbrauch, bei einer bestimmten Nutzung, kann in kWh bestimmt werden.

kWh x Stunden pro Tag x Strompreis x 365 = Verbrauch in € pro Jahr

Heizen und Kochen

Den höchsten Stromverbrauch haben Geräte die Wärme erzeugen. Moderne Heizsysteme die Wärme aus der Luft oder aus der Erde beziehen können die Effizient erheblich steigern so dass aus 1 kW elektrischer Energie 4 kW Wärmeenergie gewonnen werden. Auch beim Kochen, können Induktionsherde die Wärme durch Magnetfelder erzeugen, günstig erwärmen.

Kühlen und Gefrieren

Grundeinstellung der Temperatur, Dichtungen, Vereisung, häufiges öffnen der Tür, Menge des Kühlgut, können den Energieverbrauch beeinflussen. Einen «normalen» Tag messen, kann Überraschungen bringen.

Waschen und Trocknen

Waschtemperatur, Schleudergeschwindigkeit oder Trockengeschwindigkeit sowie Vorwäsche und Kochwaschgang können den Energieverbrauch beeinflussen. Die Angaben am Gerät sind meist nur für Idealbedingungen ausgelegt.

Computer und Fernseher

Gerade bei diesen Geräten kommt es auf die Einschaltdauer und Bildschirmgröße an. Auch die Bildschirmhelligkeit ist entscheidend. Laptops und mobile Geräte verbrauchen dabei weniger als die Hälfte, zu ihren großen Brüdern.

Vertrauen ist gut Kontrolle ist besser.

Messen und beobachten wo elektrische Energie im Haushalt verbraucht wird, ist der erste Ansatz zum Einsparen. Standby kann mit schaltbaren Steckdosen schnell überlistet werden.

Elektrische Energie im Haushalt in %	
Kühlschrank	15,8
Computer	12,2
Warmwasser	11,5
Licht	11,1
Fernsehen Hifi	11,1
Kochen	8,4
Trockner	9,2
Waschmaschine	10,1
Geschirrspüler	7,9
Sonstiges	2,7

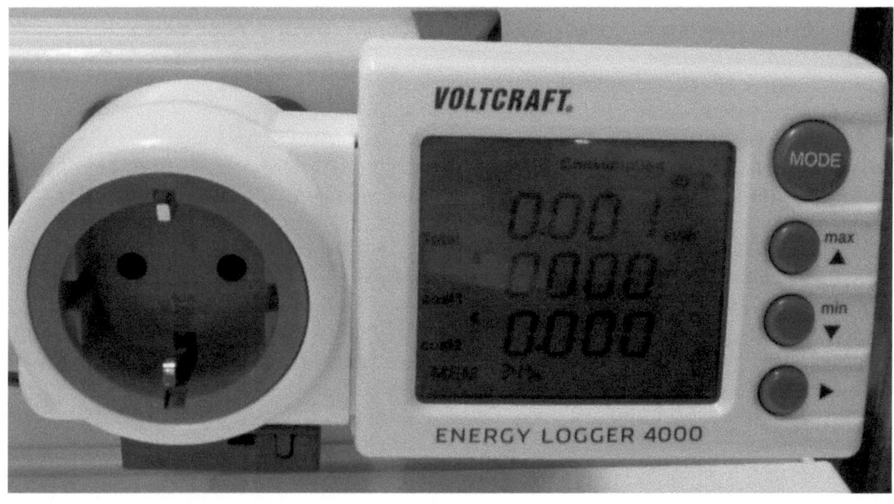

% Verbrauch zu einem fiktiven Referenzgerät									
	A+++	A++	A+	A	B	C	D	E	F	G
Kühlgeräte	<22	<33	<44	<55	<75	<95	<110	<125	<150	>150
Lampe		<11	<17	<24	<60	<80	<95	>95		
Fernseher	<10	<16	<23	<30	<42	<60	<80	<90	<100	>100
Waschmaschine	<46	<52	<59	<68	<77	<87	>87			
Geschirrspüler	<50	<56	<63	<71	<80	<90	>90			
Auto	<45	<54	<63	<72	<81	<90	<99	<108	<117	>117

Vergleich ist nur bei gleichen Größenklassen der Geräte zulässig

z.B Gewicht bei Autos, Diagonale bei Fernseher, Volumen bei Kühlgeräte

ACCU UND BATTERIE

Bei Batterien und Accu`s, wird aus chemischen Reaktionen, bei denen Elektronen von einem Partner zum anderen wandern, elektrische Energie. Kann nach Ablauf dieser Reaktion die Batterie nicht wieder aufgeladen werden, spricht man von *Primärelementen*, bei wieder aufladbare Accu´s von *Sekundärelemente*.

Grundlage

Taucht man einen Zinkstab in eine Kupfer II Sulfat Lösung, so entsteht ein Elektronenaustausch und die Lösung erwärmt sich. Wird diese Reaktion in zwei Gefäßen die miteinander verbunden sind durchgeführt, entsteht ein elektrischer Fluss, ein elektrochemisches Element.

Für so ein einfaches Element braucht es eine Kupfersulfat Lösung, mit einem Kupferstab und eine Zinksulfat Lösung, mit einem Zinkstab. Beide Gefäße sind mit einem Stromschlüssel (ein mit Flüssigkeit gefülltes Rohr) verbunden.

Kapazität und Leistung

Batterien und Akkus unterscheiden sich in Größe und Aussehen. Bezeichnungen wie AAA sind damit verbunden.

Je mehr Zellen in einer Einheit zusammengeschaltet sind, desto mehr Energie ist enthalten.

Aussagekräftiger Wert ist die Akku Kapazität in Milli Ampere Stunden (mAh). Diese ist aus anderen Angaben leicht zu errechnen. **mAh = Wh / Volt x 1.000.**

Je mehr umso besser!

Primärelemente (Nicht aufladbare Batterien)

Trockenbatterien: Liefern 1,5 Volt und bestehen aus Zink Kohle, oder Zink Braunstein, Elektroden. Als Elektrolyt ist Ammoniumchlorid im Einsatz.

Alkalibatterien: Enthalten Zink und Manganoxid und Kalilauge als Elektrolyt.

Lithiumbatterien: Negativer Pol ist Lithium und positiver Pol Manganoxid. Als Elektrolyt wird Lithiumperchlorat verwendet. Diese haben hohen Energiegehalt und werden für Herzschrittmacher verwendet.

Sekundärelemente (Wieder aufladbare Akkus)

Bleiakkumulatoren: Dabei ist der Minuspol aus Blei, der Pluspol aus Bleioxid. Elektrolyt ist Schwefelsäure. Beim Entladen nimmt die Konzentration der Säure ab und die Dichte sinkt. Durch Anlegen einer Spannung wird die Reaktion umgekehrt.

Lithium Ionen Accu: Kathode ist Lithium/Kobaltoxyd und Anode Kohlenstoffpulver mit Lithium Ionen. Der Elektrolyt ist Lithiumsalz in organischem Lösungsmittel.

Diese werden in Handy, Notebook und Co eingesetzt.

Batterie Zustand testen

Begutachten: Auf auslaufende, grünliche oder weiße Substanzen achten. Verformungen bei Accus mit Drehtest überprüfen. (Accu dreht sich wie ein Kreisel)

Falltest: Eine Primärbatterie enthält als Elektrolyt gelartige Flüssigkeit. Ist die Batterie noch funktionsfähig, dämpft diese Tatsache einen Fall aus 10cm gut ab. Leere Batterien springen zur Seite wie ein Stein.

Testgeräte zur Messung werden um wenige Euro angeboten. Auch Taschenlampen erfüllen diese Aufgabe, Licht oder dunkel, das ist die Frage. Sekundär Akkus in Laptops, Tabletts oder Handy können mit entsprechenden «Battery» Apps überprüft werden. Sowohl Auflade Geschwindigkeit und Aufladehöhe werden dabei überwacht. Erreicht der Accu nur mehr die Hälfte der ursprünglichen Aufladehöhe, ist ein Wechsel sinnvoll.

Bei Batterien gibt es Preisunterschiede von 900%. Im Test ist aber, der Unterschied von billigen zu teuren Batterien, höchsten 15%.

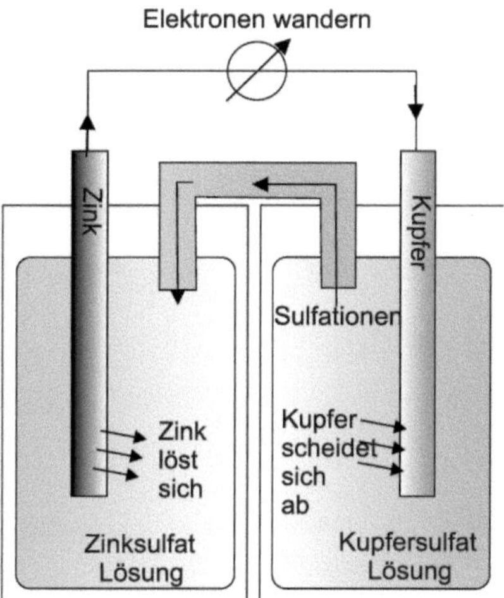

Daniel Element

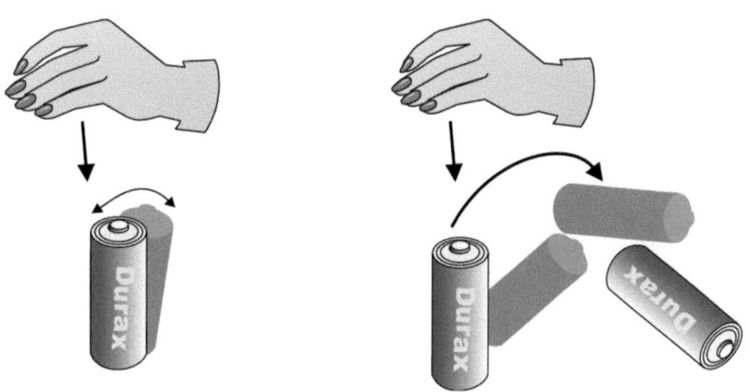

Fall-Test aus 10cm Höhe:
Eine volle Batterie bleibt stehen (links) eine leere Batterie springt weg.

Die Endstufe der Motorisierung ist erreicht, wenn das Parken mehr kostet als das Autofahren
Peter Sellers (1925-1980)

8 Auto und Transport

Das Auto und der Verkehr sind wichtigste Wirtschaftsfaktoren und ein großes
Betätigungsfeld für physikalische Messungen. Leistung, Bremsflüssigkeit,
Frostschutz oder Motoröl verändern ihre Qualität und müssen gewechselt werden.
Aber wann und wie?

AUTO, LEISTUNG UND DREHMOMENT

Autos brauchen viele Betriebsmittel die regelmäßig gewechselt werden müssen. Um den Wechsel kostengünstig zu gestalten, können die Medien auf funktionsweise geprüft werden. Batteriesäure, Scheibenwaschlösung, Kühlerflüssigkeit, Bremsflüssigkeit oder Motoröl können selbst getestet werden. Schließlich ist das Fahrzeug selbst, auf Leistung und Zustand überprüfbar.

Leistung PS und kW, Drehmoment und Drehzahl

Angaben bei Autos beschränken sich meist auf PS und Höchstgeschwindigkeit. Die ausschlaggebende Größe ist aber, das Drehmoment, das bei einer bestimmten Drehzahl, die Leistung liefert.

Das Drehmoment

Das Drehmoment ist jene Kraft, die Dinge in Drehrichtung beschleunigt und wird in Newtonmeter (Nm) angegeben. Je nach Motor Art haben Zweitaktmotoren ein geringes Drehmoment und Dieselmotoren ein höheres Drehmoment. Um dieselbe Leistung zu erzielen braucht es daher mehr Drehzahl beim Zweitakter.

Leistung(kW) = Drehmoment (Nm)x Drehzahl (upm) / 9850
Umrechnung von kW auf PS , kW x 1,3596 oder PS in kW = PSx0,7355.

Um auf Beschleunigung rückschließen zu können, braucht es Wissen, über die Drehmomentkurve im entsprechenden Gang, Bauart von Getriebe und Hinterachsdifferential, das Gewicht des Fahrzeugs, Umfang der Reifen und den Reifendruck. Das Wissen über PS Leistung ist zu wenig!

Praktisch

Neben den Herstellerangaben ist Kenntnis über die praktischen Werte wichtig.
Wie schnell beschleunigt mein Auto von 0 auf 100km/h, und was ist die Höchstgeschwindigkeit?
Dabei ist zu berücksichtigen das der Tachometer um 7 % weniger anzeigt als die echte Geschwindigkeit. 93km/h entspricht 100km/h. Genauer geht's über Apps die über GPS die echte Geschwindigkeit ermitteln.
Welchen durchschnittlichen Verbrauch hat das Auto auf 100km?
Die getankten Liter, dividiert durch die gefahren Kilometer, mal 100, ergibt die Liter pro 100km.

Bergtest

Dazu sucht man aus dem Internet eine relativ lange gerade Bergstrecke von der man Starthöhe und Zielhöhe kennt. Der Start ist fliegen, das heißt man fährt am Start durch und versucht möglichst schnell die Zielhöhe zu erreichen. Gemessen wird mit einer Stoppuhr in Sekunden.
Berechnung
Ergebnis: Das Gewicht des Autos und der Insassen (1200kg) wurde um 245 Höhenmeter in 70 Sekunden verschoben. Entspricht 294000kg um 1 Meter und 4200kg /Sekunde = /75kg (1PS) = **56 PS**
Diese Angaben sind die praktische Leistung des Autos, die sicher nur die Hälfte oder weniger des, von der Firma angegebenen Wert entspricht, wo es ja um reine Motorleistung geht und Gewicht usw. nicht berücksichtigt wird.

Höchstgeschwindigkeit zu PS	
km/h	Motorleistung PS
50	8
100	25
150	64
200	130
250	237
260	264
270	293
280	324
290	358
300	393
310	431
350	609
400	893

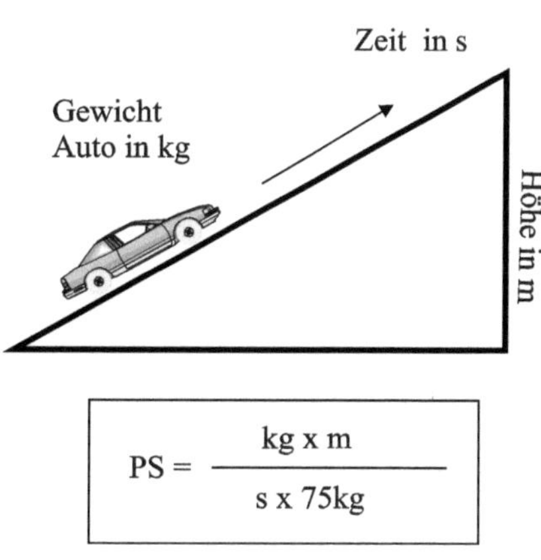

$$PS = \frac{kg \times m}{s \times 75kg}$$

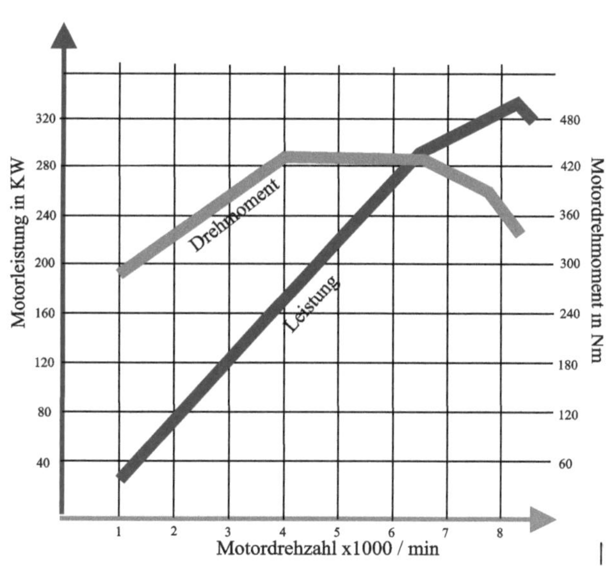

Bremsflüssigkeit

Die Bremsflüssigkeit, ist für das hydraulische Bremssystem notwendig und hat die Aufgabe die Pedalkraft, über den Hauptbremszylinder, zu den Radbremszylindern, zu übertragen. Außerdem soll die Flüssigkeit Dichtungen nicht angreifen und die Bremsleitungen vor Korrosion schützen.

Bremsflüssigkeit besteht aus Polyglycolverbindungen. In Spezialfällen sind auch Mineralöle oder Silkonöle im Einsatz.

Da Bremsflüssigkeiten hygroskopisch (wasseranziehend) sind, müssen sie regelmäßig überprüft werden und bei einem Wassergehalt von 3,5% ausgetauscht werden.

Einteilung der Bremsflüssigkeiten

Eingeteilt werden die Bremsflüssigkeiten vom Department of Transportation DOT in Gruppen, die miteinander nicht gemischt werden sollen.

DOT 3 = In älteren Fahrzeugen dürfen nicht mit anderen DOT vermischt werden.
DOT 4 = Werden in vielen Wagen eingesetzt und haben einen höheren Siedepunkt.
DOT 5 = Auf Silikonbasis.
DOT 5.1 = Auf Glycolbasis und ein hervorragendes Wasserbindevermögen.

Testen der Bremsflüssigkeit

Füllstand und Aussehen:

Neben dem richtigen MAX und MIN Stand, ist die Farbe der Bremsflüssigkeit zu beurteilen. Normalerweise braun, ist sie jedoch dunkel oder schwarz, muss sie ersetzt werden.

Teststreifen Kupfer

Zeigt der Teststreifen Kupfer an, so sind die Korrosionsschutzzusätze die, die Bremsleitungen schützen sollen, aufgebraucht.

Bestimmen des Siedepunkts

Bremsflüssigkeiten haben einen „Trockensiedepunkt" wenn sie neu und ohne Wasser sind. Durch Wasser sinkt der Siedepunkt und ab einer bestimmten Grenze, muss gewechselt werde. Die Tabelle zeigt die Anforderungen.

Siedepunkt Bestimmung

Der Siedepunkt wird mit einer Eprouvette einer Kapillare und einem Thermometer bestimmt. Über einer kleine Flamme werden ca. 2ml erwärmt, bis kleine Bläschen von der Kapillare aufsteigen, dann wird die Temperatur abgelesen.

Messgeräte im Handel

Es gibt auch Messgeräte, die diese Aufgabe übernehmen, um wenig Euro.

Bremsflüssigkeiten Siedepunkte			
	Siedepunkt neu °C	Nasssiede- punkt °C	Viskosität mm²/s (40°C)
DOT 3	205	140	1500
DOT 4	230	155	1800
DOT 5 Silikonbasis	260	180	900
DOT 5.1Glycosidbasis	260	180	900
Syn Disc	275	186	1200

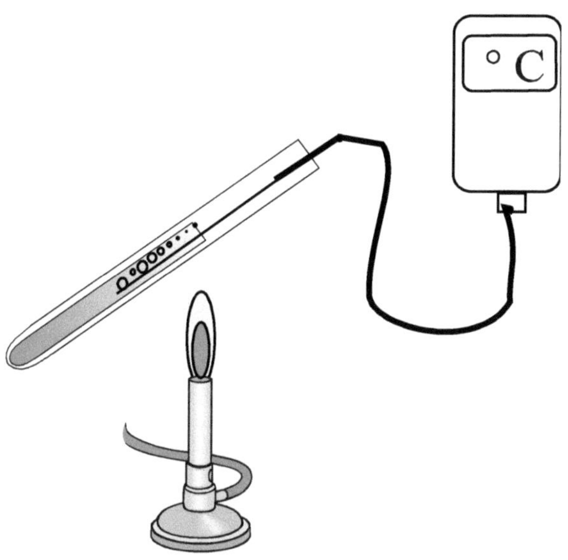

Einfache Siedepunktbestimmung als Qualitätskontrolle für Bremsflüssigkeiten

Scheibenwaschanlage

Autos brauchen, um die Sicht freizuhalten und damit ein sicheres Fahren jederzeit zu gewährleisten, eine Scheibenwaschanlage. Da diese Einrichtung auch im Winter bei Minusgraden funktionieren muss, ist es notwendig Frostschutzmittel zu zugeben. Für diesen Einsatz haben sich Alkohol Zusätze, wie 2-Propanol oder Spiritus (ein Gemisch aus Methanol und Ethanol) gut bewährt. Auf keinen Fall sollte Spülmittel beigemenget werden, da das Schaumverhalten die Pumpe stört und Lack und Kunststoffschäden verursachen kann.

Überprüfen des Frostschutzes

Der Anteil an Alkohol wird über die Dichte bestimmt. 100ml, in einer Mensur abgemessen, wird abgewogen. Ergebnis in Gramm, dividiert durch 100, sind g/ml. Aus der Tabelle kann die Mischung abgeschätzt werden.
Zur Dichtemessung, werden im Fachhandel kleine Pipetten mit Spindeln um wenig Euro angeboten. Das Messprinzip ist analog.

Frostschutz Kühler

Das Kühlerwasser hat die Aufgabe, die Wärmeentwicklung beim Verbrennen, im Motor abzuleiten. Wasser hat dabei die beste Wärmekapazität. Damit das Kühlerwasser im Winter nicht einfriert, werden Zusätze wie Glycerin, Ethylenglycol zugegeben, um den Gefrierpunkt zu erniedrigen.
Hochwertige Kühlermittel enthalten auch Additive (Zusatzstoffe), die gegen Rost und Überhitzung schützen.
Gerade beim Frostschutz ist die richtige Mischung wichtig. Bei zu viel Frostschutz (über 60%) steigt der Gefrierpunkt wieder an, zu wenig Wasser kann zum Überhitzen des Motors führen, da die Wärmekapazität von Glycerin oder Ethylenglycol geringer ist, als die von Wasser.

Testen des Frostschutzes und Nachfüllen

Frostschutzhersteller haben ihren Produkten verschieden Farben gegeben und man sollte darauf achten, dass keine unterschiedlichen Frostschutzmittel gemischt werden, da sich sonst kleine Kühlkanäle verstopfen. Auch in der Betriebsanleitung gibt's Angabe darüber. Nachfüllen des Wasserstands ist, auch mit Leitungswasser, erlaubt, obwohl destilliertes Wasser empfohlen wird.

Minusgrad messen

Die Kontrolle der Minusgrade erfolgt über die Dichte. Eine kleine Prüfspindel mit Temperaturskala gibt darüber Auskunft.
Wird die Dichte durch abwiegen eines Volumen bestimmt, kann man den Frostschutz aus der Dichte - Tabelle ablesen.

Dichte und Mischung Scheibenwaschanlage
Ethanol Wasser

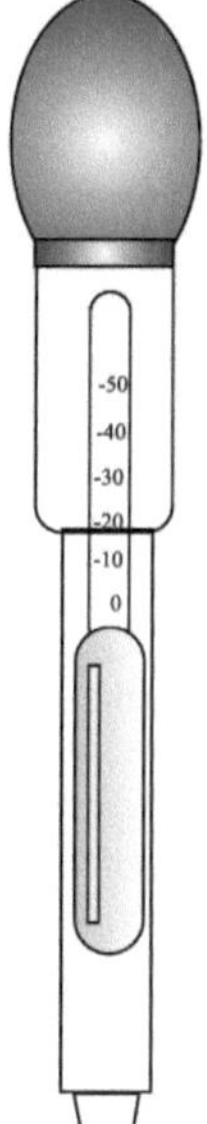

Gummiball
zum Aufsaugen
der Flüssigkeit

Spindel
mit
Messskala

Messpipette Frostschutz

Frostschutzmittel Kühler		
Konzentration Vol %	Frostschutz °C	Dichte g/cm³
25	-10,7	1,023
30	-14,0	1,029
35	-17,6	1,033
40	-21,5	1,038
45	-26,0	1,042
50	-32,4	1,046
55	-40,4	1,049

MOTORÖL

Motoröl sind Schmierstoffe die für einen reibungslosen Ablauf eines Motors sorgen. Moderne Schmierstoffe bestehen aus Mineralöl oder synthetischen Ölen mit vielen Zusatzstoffen (Additiven) um den Anforderungen eines Hochleitungsmotors, gerecht zu werden.

Basis Öl

Als Basis (ca. 80%) werden Mineralöle oder mit Wasserstoff veredelte Hydrockracköle und Polyalphaolefine (PAO), das sind aus Erdöl synthetisierte Kohlenwasserstoffe, eingesetzt.

Additive

Um die chemischen und physikalischen Eigenschaften der Basis Öle zu verbessern braucht es Zusätze. Die wichtigsten sind Viskositätsindexverbesserer (10%), Detergentien die Verbrennungsablagerungen entgegenwirken (3%), Dispersanten (5%)die Teilchen umschließen und in Schwebe halten und Verschleißschutz (1%) der einen direkten Kontakt, von Metall zu Metall, durch Aufbau einer Schutzschicht, verhindert.

Klassifizierung

Heute ist eine Vielzahl an Mehrbereichsölen in Verwendung. Für PKW Öle ist die SAE Beschreibung, wie 5W50 oder 15W40, in Gebrauch. W steht dabei für Winter. Je kleiner die Zahl desto dünnflüssiger ist das Öl. Wichtig ist das synthetische Öle nicht mit mineralischen gemischt werden sollen. Außerdem werden von PKW Herstellern nur bestimmte Öle, für bestimmte Marken, freigegeben.

Viskosität VI Index

Einer der wichtigsten Eigenschaften eines Schmierstoffs ist die Viskosität d.h. die Dick- oder Dünnflüssigkeit. Diese verändert sich mit der Temperatur je heißer ein Öl ist desto dünner wird es. Diese Tatsache wird beim VI der eine dimensionslose Größe ist berücksichtigt und macht Öle miteinander vergleichbar.

Testen von Motoröl

Wassergehalt durch Spratztest

Dabei wird ein Tropfen Öl auf eine heiße Platte getropft. Enthält das Öl mehr als 0,1% Wasser, so schäumt es kurz auf, mit einem spratzenden Geräusch.

Tüpfeltest

Ein Tropfen warmes Öl wird auf ein Filterpapier aufgetragen. Als Vergleich ist ein Tropfen warmes Frisch-Öl daneben auf getropft. Nach 30 min wird der Fleck ausgewertet.
Die Farbe im Kern zeigt an wie viel Ruß oder Metallabrieb vorhanden ist.
Um den Fleck hat sich ein Ring gebildet, der anzeigt, ob das Schmutztragevermögen (Additiv) noch ausreicht.
Ein ausgefranzter Ring weist auf Wasser im Öl hin. (siehe Spratztest?)
Ist außerhalb des Ölrings ein heller, weißer Kranz zu sehen, so ist Treibstoff im Öl vorhanden.

Test Viskosität

Viskosität ist extrem Temperaturabhängig. Daher ist es wichtig, bei Vergleichen auch dieselbe Temperatur zu verwenden.
Messergebnis: Wie viele Sekunden braucht 1 Liter Öl um durch einen Trichter zu fließen?

Additive Ölzusätze	
Detergents	Schmutzlösevermögen (Ca/Mg Sufonate, Phenate)
Dispersanten	Schmutztragevermögen (Succinimide, Alkylphenolamine)
Verschleißschutz	Metall - Metall Kontakt verhindern (Schwefel, Phosphor, Zink, Molybdän Verbindungen Borate)
Korrosionschutz	Schützt Metalle vor Rost
VI Verbesserer	Viskosität bei Minus und Plus°C (OCP Olefinpolymere, SIP Styrenisopren, SBR Styren Butadien)
Antischaum	Schaumverhalten verbessern (Polysilikone, Polyethylenglykolether)
Pourpoint Verbesserer	VI besser bei Minus°C PPD
Oxidationschutz	Schutz vor Zersetzung (Phenole, Amine, Zink-thio-Phosphat)
Neutralisationschutz	Schutz vor Verbrennungsrückständen
Emulgatoren	Erhöht Wasseraufnahme
Demulgatoren	besser Wasserabscheidung

Spratztest
Öl mit mehr als 0,1%
Wasser schäumt kurz auf

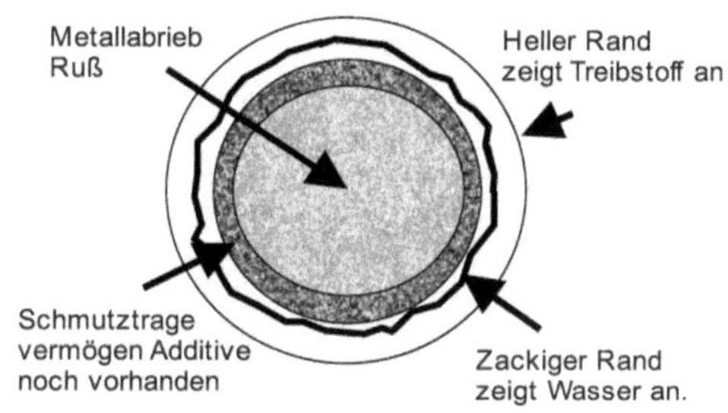

Tüpfeltest

TREIBSTOFFE

Der Großteil des Welthandel und der Wirtschaft ist von Treibstoffen abhängig.
Hauptlieferant für Benzin und Diesel ist Rohöl. Rohöl besteht aus tausenden
Verbindungen, die in Raffinerien in einzelne Produkte aufgespalten werden.

Raffinerie

Im ersten Schritt wird Rohöl auf 350 °C erhitzt und die leicht flüchtigen Anteile wie
Gas, Primärbenzin, Petroleum, Gasöl und Spindelöl werden abgetrennt. Der
Rückstand wird unter Vakuum, um den Siedepunkt zu erniedrigen, abermals
destilliert. Stoffe wie Vakuumgasöl, Heizöl schwer und Bitumen werden getrennt.
Cracken: Da für Motoren besonders die leichtflüchtigen Stoffe gebraucht werden,
wird das Vakuumgasöl bei hoher Hitze (750°C) und synthetischen Silikatoren als
Katalysator, in kleinere Kohlenstoffketten zerbrochen. Dieses Crackbenzin, ist
neben dem Benzin, aus der ersten Destillation, Ausgangstoff für Benzin. Als
Diesel wird das Gasöl aus der ersten Destillation verwendet.

Benzin

Benzin neigt dazu sich unkontrolliert zu entzünden. Solche Fehlzündungen
können im Motor Schaden anrichten. Daher muss Benzin für den Einsatz klopffest
gemacht werden. Als Maß dafür wird die Oktanzahl verwendet. Moderne
Treibstoffe haben daher verschiede OZ. Normalbenzin OZ 91, Super OZ 95 oder
Super plus OZ 98.
Das «normale « Crackbenzin hat OZ90 und durch Zusätze von Top-Benzin oder
Methyltertiärbutylether, wird die entsprechende Oktanzahl eingestellt.

Diesel

Beim Diesel ist vor allem die Unterscheidung von Sommer und Winterdiesel
wichtig. Im Sommer handelt es sich um das Gasöl aus der ersten Destillation, im
Winter wird eine Mischung aus Gasöl und Kerosin verkauft, um das
auskristallisieren von Paraffinen zu verhindern. Heizöl entspricht ebenfalls dem
Winterdiesel.

Aussehen, Geruch und Dichte der Treibstoffe

Aussehen: Verschieden Treibstoffe haben verschieden Farbstoffe. Heizöl ist mit
Farbstoff und Furfurol eingefärbt. Dadurch ist ein unterscheiden von Diesel und
Heizöl, das steuerlich günstiger ist, möglich. Super und Normal haben je nach
Tankstelle verschiedene Farbstoffe.
Ein Tropfen Benzin verflüchtigt sich rasch in der Luft, während Diesel bleibt.
Eventuelle Gemische Benzin/Öl für Zweitaktmotoren, erkennt man ebenfalls am
Farbunterschied, zu reinem Benzin.

Dichte bestimmen

Wie schon bei anderen Tests ist vor allem die Dichte ein Unterscheidungsmerkmal
zwischen den einzelnen Treibstoffen.
Pet-Flasche leer abwiegen, mit 1,5Liter Treibstoff füllen und abermals wiegen.

Dichte in g/cm³ = Gewicht voll in g minus Gewicht Pet-Flasche in g / 1500ml

Treibstoff	Dichte g/cm³
Normal bleifrei	0,74
Super bleifrei	0,75
Super plus	0,76
Winter Diesel	0,84
Sommer Diesel	0,86
Heizöl leicht	0,82-0,86

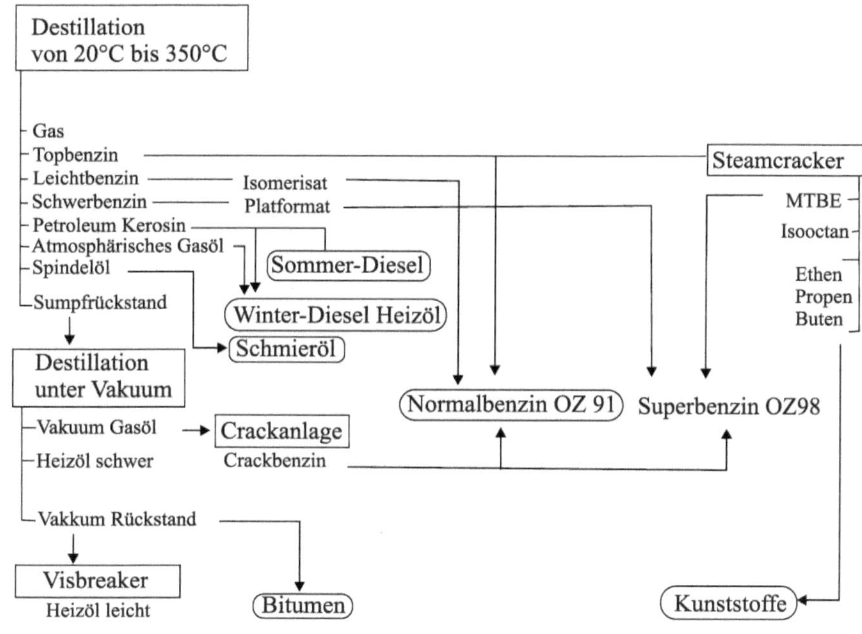

Alles was Gold ist glänzt nicht. Die sanfte Strahlung ist dem edlen Metalle eigen.
Friedrich Wilhelm Nietzsche (1844-1900)

9 Unbekannte Materialien

Wie viel Karat hat ein Diamant, aus welchem Material besteht ein Schmuckstück. Sind die Perlen echt? Mineralien, Metalle oder Holzsorten bestimmen. Unbekannte Substanzen analysieren, ist mit modernen Analysemethoden ein leichtes Unterfangen. Aber auch einfache Methoden für den Hausgebrauch, führen schnell zum Ziel.

<h1 style="text-align:center">GESTEIN UND MINERALIEN</h1>

Um Gesteine und Mineralien zu bestimmen braucht es viel Erfahrung. Hier ein kleiner Überblick. Alles weitere würde den Rahmen dieses Buches sprengen. Bestimmen heißt: **Schaue, schabe, spalte, ritze, löse, wäge, fühl erhitze!**

Unterschied zwischen Gesteine und Mineralien

Gesteine sind ein Gemenge aus unterschiedlichen Mineralien wie Quarz, Feldspat, Glimmer, Calcit, Hornblende uvm. Ein Mineral dagegen, ist von bestimmter chemischer Zusammensetzung, mit durchwegs gleichen physikalischen Eigenschaften. Chemisch sind Mineralien anorganische Salze oder Komplexsalze aus Metallen wie Silizium, Aluminium, Eisen, Natrium, Calcium und Nichtmetallen wie Sauerstoff, Chlorid, Schwefel oder Silizium-Aluminium Komplexen.

Entstehung und Einteilung der Gesteine

Magmatisches Erstarrungsgestein entsteht durch Hitze, Druck und langsames oder rasches Abkühlung des Magmas im Erdinneren. Dieser Prozess kann sich wiederholen und es entstehen umgewandelte Variationen von Gesteinen, sogenanntes ***metamorphes Umwandlungsgestein***. Eine weiter Gruppe, die ***Sedimentgesteine***, entstehen durch Ablagerung lebloser, pflanzlicher oder tierischer Stoffe, chemische Reaktionen, oder Druck von Gletschern und geologischen Bewegungen, sowie durch Wasser und Wind.

Bestimmungstipps

Für die Bestimmung von Gestein benötigt man eine Lupe mit 10 fache Vergrößerung, ein Taschenmesser zur Härtebestimmung, Tropffläschchen mit 10%iger Salzsäure und einen Geologen-Hammer um die Bruchflächen zu bestimmen.

Die erste Aufteilung einer Steinprobe erfolgt nach dem Gefüge (der Sichtbarkeit und Anordnung der Mineralien), der Härte, dem Aussehen, der Farbe und der Reaktion auf 10%ige Salzsäure.

Erstarrungsgestein Plutonide: Einzelne Mineralien wie Quarz, Feldspate und Glimmer sind richtungslos und mit freiem Auge erkennbar. Quarz bricht muschelig. Feldspat lässt sich leicht spalten und zeigt lebhaft, spiegelnde Flächen. Zwillingskristalle oder feine parallele Linien zeigen ebenfalls Feldspat an.

Erstarrungsgestein Vulkanide: Hat ein sehr feines Gefüge. Einzelne Mineralien sind nicht sichtbar. Schwarze Färbung deutet auf Basalt hin, der sich säulenartig spalten lässt. Das Vulkanglas (Obsidian), sieht aus wie schwarzes Glas mit scharfen Bruchkanten, während die schaumartige Variante (Bimsstein), schwimmt.

Gangsteine stellen eine Mischung aus Plutoniden- und Vulkaniden dar. Sichtbare Mineralien eingebettet in feine Grundmasse (Porphyre).

Umwandlungsgestein: Sind Gesteine die unter hohem Druck und Temperatur verformt wurden. Dadurch wird das Gefüge in eine Richtung schichtweise ausgerichtet. Quarzkristalle werden platt gedrückt. Feldspate werden augenförmig und neue Mineralien, wie Granat, entstehen als kleine rote Einschlüsse.

Sedimentgestein: Reichen von feinen Materialien wie Ton, Löss und Sand bis verfestigten Sedimenten wie Konglomerate, Kalk, Kohle, Dolomit oder Salzstein. Härte der Sedimente ist eher gering und manchmal sind Fossilien enthalten, wie im Muschelkalk.

Die genaue Beobachtung der Körnung, des Gefüges der enthaltenen Mineralien, der Farben, die Spaltbarkeit und Ritzbarkeit sind erste Erkennungsmerkmale.

Foto und Vergleich im Netz, ist eine weitere Bestimmungsmöglichkeit,für den Laien.

158

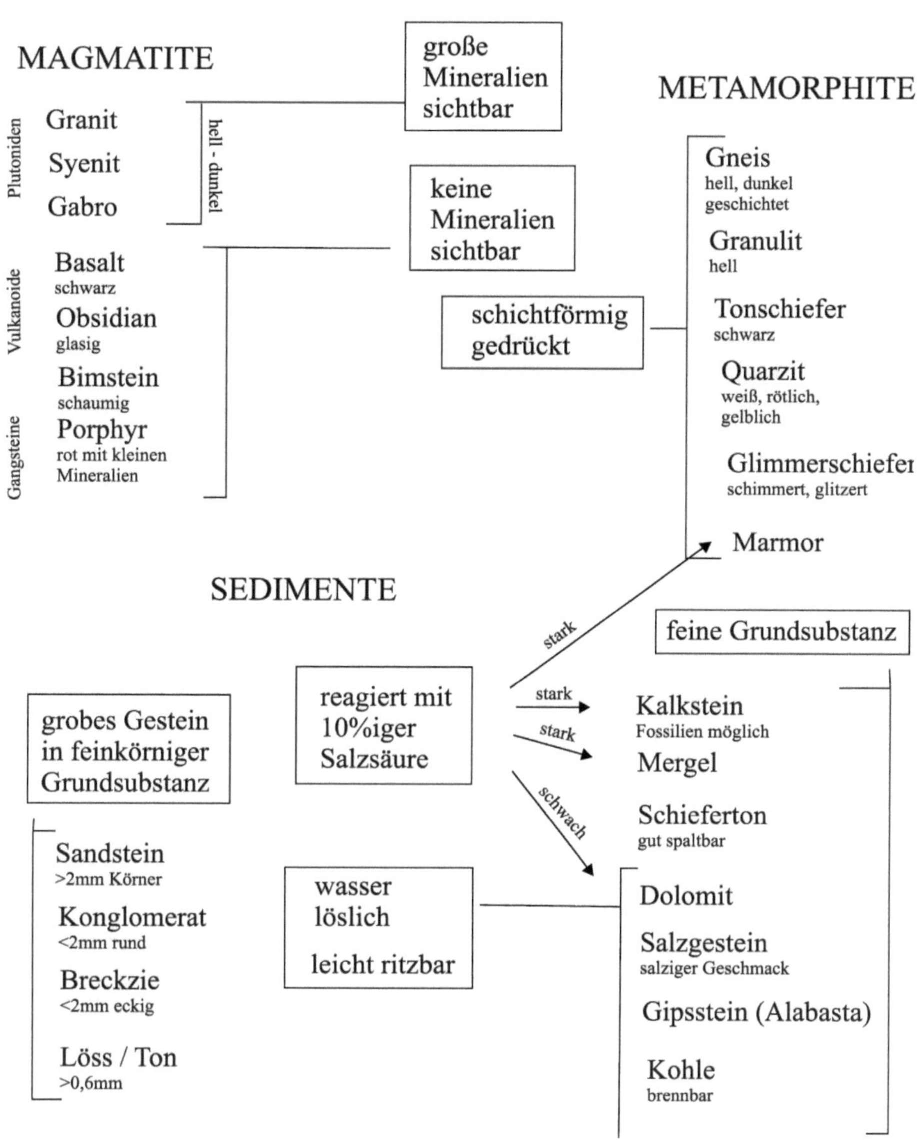
MAGMATITE
große Mineralien sichtbar
METAMORPHITE
Plutoniden
Granit
Syenit
Gabro
hell - dunkel
keine Mineralien sichtbar
Gneis
hell, dunkel
geschichtet
Granulit
hell
Vulkanoide
Basalt
schwarz
Obsidian
glasig
Bimstein
schaumig
Porphyr
rot mit kleinen Mineralien
Gangsteine
schichtförmig gedrückt
Tonschiefer
schwarz
Quarzit
weiß, rötlich, gelblich
Glimmerschiefer
schimmert, glitzert
Marmor
SEDIMENTE
feine Grundsubstanz
stark
stark
stark
schwach
reagiert mit 10%iger Salzsäure
Kalkstein
Fossilien möglich
Mergel
Schieferton
gut spaltbar
grobes Gestein in feinkörniger Grundsubstanz
Sandstein
>2mm Körner
Konglomerat
<2mm rund
Breckzie
<2mm eckig
Löss / Ton
>0,6mm
wasser löslich
leicht ritzbar
Dolomit
Salzgestein
salziger Geschmack
Gipsstein (Alabasta)
Kohle
brennbar

MINERALIEN

Mineralien genau zuzuordnen, ist nur anhand von mehreren Eigenschaften möglich. Eine erste Eingrenzung mit Fotos bieten Apps wie «Smart Geology-Mineral Guide» wo nach Farbe, Kristallform, Härte, Transparenz, Glanz, Strichfarbe, Spaltbarkeit, Bruchfläche oder Dichte die Probe zugeordnet wird.

Chemischer Aufbau

Neben den reinen Elementen wie Gold, Silber oder Kupfer, bestehen Mineralien aus Komplexverbindungen von Metallen wie Silizium, Blei, Aluminium, Magnesium, Calcium und Nichtmetallen wie Chlor, Schwefel, Sauerstoff, Phosphor. Diese Nichtmetalle ordnen die Mineralien in Gruppen wie Sulfide, Sulfate, Oxide, Halogenide (Cl, F) Karbonate, Phosphate oder Silikate zu.

Kristallformen

Gerade die Form der Kristalle ist ein deutlich sichtbarer Hinweis auf die chemische Zusammensetzung eines Minerals. Unterschieden werden 7 Systeme mit verschieden langen Achsen durch den Mittelpunkt. Das kubisches, tetragonales, hexagonales, trigonales, orthorombisches, monoklines, triklines System.

Farbe, Transparents, Strich, Glanz

Während die Farbe nur bei wenigen Mineralien wie Malachit (grün), Pyrit (messinggelb), oder Bleiglanz (bleigrau) hilf,t sie zu bestimmen, ist die Strichfarbe auf einer unglassierten Porzellanscherbe (Rückseite einer Fliese) ein charakteristisches Merkmal zur Bestimmung.

Der Glanz wird mit metallisch glänzend, nichtmetallisch glänzend, wie Diamant glänzend, Glasglanz, Fett- oder Seidenglanz, halbmetallisch glänzend und matt glänzend beschrieben.

Transparenz (Durchsichtigkeit) geht von glasklar über durchscheinend bis undurchsichtig.

Spaltbarkeit

Ist meist nicht durchführbar da man sich schöne Kristalle nicht durch Spaltversuche beeinträchtigt. Angaben wie vollkommen-gut-deutlich-schlecht spaltbar finden sich in der Literatur.

Mohs Härteskala

Die 10 teilige Skala unterscheidet Mineralien nach ihrer Härte

1	Talk	mit Fingernagel schabbar	6	Feldspat	mit Stahlfeile ritzbar
2	Gipsspat	mit Fingernagel ritzbar	7	Quarz	ritzt Fensterglas
3	Kalkspat	mit Kupfermünze ritzbar	8	Topas	ritzt Quarz
4	Flussspat	mit Messer leicht ritzbar	9	Korund	ritzt Topas
5	Apatit	mit Messer noch ritzbar	10	Diamant	ritzt alles!!

Spezifische Dichte

Mineralien haben ein spezifisches Gewicht von 2 bis 20g/cm³, liegen die Proben isoliert vor und sind sie nicht wasserlöslich, so kann die Dichte mittels Waage und Auftrieb im Wasser bestimmt werden.

Dichte = Gewicht der Probe in g / Auftrieb in g

Eigenschaften einiger Mineralien					
Mineral	*Strichfarbe*	*Härte*	*Spez.Gewicht*	*Kristallsystem*	*chem. Gruppe*
Achat	wie Farbe	7,0	2,6	trigonal	Silikat
Amethyst	blau	7,0	2,65-2,67	hexa-,trigonal	Silikat
Antimonit	wie Farbe	2,0	4,56-4,62	o.rombisch	Sulfid
Apatit	weiß	5,0	3,2-3,4	hexagonal	Phosphat
Aquamarin	weiß	7,5-8,0	2,7	hexagonal	Silikat
Azurit	blassblau	3,5-4,0	3,8-3,9	monoklin	Karbonat
Baryt	weiß	3,0-3,5	4,4-4,6	o.rombisch	Sulfat
Biotit	weiß	2,4-3,1	2,6-3,0	monoklin	Silikat
Bleiglanz	bleigrau	2,5-2,75	7,4-7,6	kubisch	Sulfid
Calcit	weiß-grau	3,0	2,7	trigonal	Karbonat
Chalcedon	keine	7,0	2,6	trigonal	Silikat
Citrin	gelb	7,0	2,65-2,69	hexa-,trigonal	Silikat
Diamant	keine	10,0	3,516-3,525	kubisch	Element
Dioptas	grün	5,0	3,3	trigonal	Silikat
Dolomitspat	wie Farbe	3,5-4,0	3,0	tigonal	Karbonat
Flusspat	weiß	4,0	3,01-3,25	kubisch	Halogenid
Gipsspat	weiß	1,5-2,0	2,3	monoklin	Sulfat
Gold	gelb-rötlich	2,5-3,0	15,6-19,33	kubisch	Element
Grafit	schwarz	1,0-2,0	2,09-2,23	trigonal	Element
Granat	weiß	6,5-7,2	3,0-4,0	kubisch	Silikat
Halit	farblos	2,5	2,1-2,6	kubisch	Halogenid
Hämatit	leuchtend rot	5,5-6,5	4,9-5,3	trigonal	Oxid
Hornblende	grau-braun	5,0-6,0	3,0-3,5	monoklin	Silikat
Korund	weiß	9,0	3,95-4,10	hexagonal	Oxid
Krokoit	gelborange	2,5-3,0	5,9-6,1	monoklin	Chromat
Kupfer	kupferfarben	2,5-3,00	8,8-8,9	kubisch	Element
Kupferkies	grünschwarz	3,5-4,0	4,1-4,3	tetragonal	Sulfid
Lapislazuli	blau	5,0-5,6	2,3-2,4	kubisch	Silikat
Malachit	leuchtend grün	3,5-4,0	4,0	monoklin	Karbonat
Muskovit	farblos	2-2,5	2,7-3,0	monoklin	Silikat
Olivin	weiß-gelb	6,5-7	3,27-3,37	o.rhobisch	Silikat
Opal	weiß	7,0	2,3	amorph	Silikat
Orthklas	farblos	6,0	2,6	monoklin	Silikat
Plagioklas	farblos	6,0	2,6-2,7	triklin	Silikat
Pyrit	grünlichschwarz	6,0-6,5	4,95-4,97	kubisch	Sulfid
Quarz	wie Farbe	7,0	2,65-2,66	hexa-,trigonal	Silikat
Rauchquarz	grau	7,0	2,65-2,70	hexa-,trigonal	Silikat
Rhodonit	weiß	5,5-6,5	3,6	triklin	Silikat
Rosenquarz	rot	7,0	2,65-2,68	hexa-,trigonal	Silikat
Schwefel	weiß	1,5-2,5	2,05-2,09	o.rombisch	Element
Silber	silbrigweiß	2,5-3,0	10,10-10,50	kubisch	Element
Smaragd	weiß	7,0-7,5	2,5-2,8	hexagonal	Silikat
Stilbit	farblos	3,5-4,0	2,0	monklin	Silikat
Tobas	farblos	8,0	3,5-3,6	o.rhobisch	Silikat
Türkis	weiß-blaugrün	5,0-6,0	2,6-2,8	triklin	Phosphat
Turmalin	farblos	7,0	3,2	trigonal	Silikat
Wolframit	schwarz	4,0-4,5	7,0	monklin	Molybdate
Zinkblende	hellbraun-gelb	3,5-4,0	3,9-4,1	kubisch	Sulfid
Zinnober	scharlachrot	2,0-2,5	8,0-8,2	hexagonal	Sulfid
Zirkon	farblos	7,5	4,5-5,0	Tetragonal	Silikat

GOLD UND SILBER

Gold, Silber, Diamanten, Perlen in seiner Echtheit überprüfen ist auch vom Laien mit einfachen Mitteln durchführbar. Hier einige Anleitungen und Info dazu.

Gold

Gold wird als Schmuck, Münzen und Barren angeboten, aber nicht alles was glänzt, ist auch Gold.

Da Gold ein sehr weiches Metall ist wird es mit anderen Metallen legiert. Je nach Anteil des verbleibenden Goldes sind die Angaben zur Reinheit in Karat oder Ziffer üblich. (Beispiel 14 karätiges Gold, ein 585er, hat einen Anteil von 58,5% Gold)

Goldbestimmung durch archimedische Dichtemessung

Dazu werden das Gewicht und das Volumen der Probe bestimmt. Gewicht durch abwiegen auf 0,01g genau. Das Volumen ergibt sich durch das Gewicht, das im Wasser verdrängt wird. Dazu wird das Schmuckstück berührungsfrei in ein Glas Wasser getaucht und die Gewichtszunahme auf der Waage abgelesen. Dieses Gewicht entspricht dem Volumen des Schmuckstücks.

Gewicht in g /Volumen in g (cm³ Wasser) = Dichte in g/cm³

aus der Tabelle ist der Goldgehalt ablesbar.

Abmessen und Magnettest

Bei gefälschten Münzen handelt es sich oft um Wolframkerne, die mit einer dicken Schicht Gold überzogen sind. Dadurch unterscheiden sich die Münzen kaum in der Dichte, oder im Gewicht. Geringe, aber mit einer Schiebelehre messbare, Abweichungen ergeben sich, in der Dicke der Münze und im Verhalten zu Magneten. Wolfram ist magnetisch, Gold nicht.

Strichtest Säuretest

Wird ein Gold Test öfter benötigt, so kann der Goldgehalt durch einen Strichtest unterschieden werden. Die dafür notwendigen Säuremischung (verschieden starke Königswassermischungen), werden im Internet angeboten.

Dabei werden auf einem Steinplättchen Goldstiche aufgerieben, im Vergleich zu bekannte Goldproben. Durch überstreichen der Striche mit verschieden Säurestärken wird das Verschwinden der Goldstriche beobachtet. Je höher der Goldgehalt, desto länger wiedersteht der Strich der Säure.

Vergoldete Münzen oder Barren, können dadurch jedoch nicht entlarvt werden.

Silber

Auch Silber wird in verschieden Legierungen angeboten. Ein Stempel (Punze), muss laut Gesetz die Reinheit des Silbers angeben. Überprüft kann diese Reinheit ebenfalls mit einem Prüfsäure Set oder durch die Dichtebestimmung werden.

Prüfsäuretest

Das Prüfobjekt wird an einer unauffälligen Stelle etwas angekratzt um die darunterliegende Schicht zu erreichen. An dieser Stelle wird nun ein Silberstrich auf den Prüfstein abgerieben. Ein Tropfen der Prüflösung (Kaliumdichromat = giftig) ergibt eine Farbreaktion.

Hellrot – Feinsilber
Dunkelrot – 925 Silber
Braun – 800 Silber
Gelb – Blei oder Zinn
Dunkelbraun - Bronze

Eistest

Durch die hohe Wärmeleitfähigkeit von Silber, schmilzt ein Eiswürfel, als würde er auf eine Herdplatte liegen.

Gold spez. Gewicht		
Bez.	Karat	g/cm³
999	24	19,3
900	21	17,5
750	18	15,1-15,8
585	14	13,1-13,6
375	9	11,2
333	8	10,5-10,9

Goldring wiegen

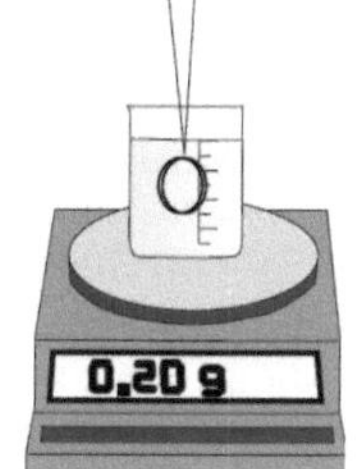

Auftrieb wiegen

2,77g / 0,20cm³ = 13,9g/cm³
Der Ring ist ein 585 Gold

Silberlegierungen		
Bezeichnung	Legierung	Dichte g/cm³
999	keine	10,52
986	1,4% Kupfer	10,44
950	5,0% Kupfer	10,40
935	6,5% Kupfer	10,37
935	6,5% Zink	10,14
935	6,5% Kadmium	10,37
935	6,5% Zinn	10,18
900	10% Kupfer	10,24
835	16,5% Kupfer	10,12
800	20% Kupfer	10,06
720	28%Kupfer	9,98

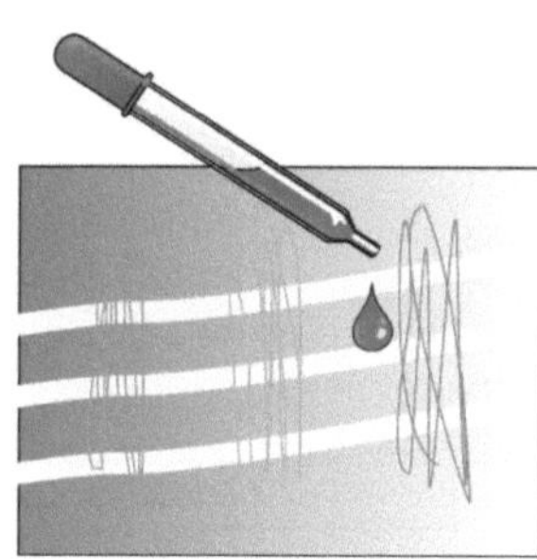

Gold oder Silber auf der Steinplatte
abreiben und mit Säure bestreichen
Je höher der Goldgehalt desto später
löst sich der Strich auf.

Perlen

Perlmutt ist eine Substanz die Muscheln absondern um ihre Schalen zu bilden. Ist ein Fremdkörper vorhanden, so wird dieser ummantelt und eine Perle entsteht. Chemisch handelt es sich dabei um Kalziumkarbonat, das von einem organischen Bindemittel (Conchiolin) zusammengehalten wird.

Perlenqualität

Egal ob Süßwasser, Salzwasser oder Tahiti Perle, entscheidend für die Qualität ist, der Glanz einer Perle (Lüster) und die makellose Oberfläche. Juweliere geben diese Parameter in einer AAA bis A oder einer A bis D Klasse an. Ein weiterer Preisfaktor ist die Größe der Perle, diese wird in Karat, Grain oder Momme angegeben.

1Karat = 0,200g 1Grain =0,050g 1Momme = 3,75g

Zahntest

Um echte Perlen von Glasperlen zu unterscheiden wird die Rauheit der Oberfläche bestimmt,
Besonders fühlt man das, wenn man eine Perle leicht zwischen die Zähne nimmt. Im Mikroskop sieht man besonders gut die schuppige Oberfläche einer Perle während Glas oder Kunststoffperlen glatt sind.

Diamanten

Diamanten bestehen aus reinem Kohlenstoff und sind im Erdinneren bei extremen Druck und Temperatur entstanden. Der Wert als Schmuckstein ergibt sich aus den 4 C Parametern.

Gewicht (Carat), Reinheit (Clarity), Farbe (Color), Schliff (Cut).

Gewicht: Das Gewicht eines Diamanten wird in Karat angegeben. 1Karat = 0,200g =200mg
Bei einem ausgewogenen Brillantschliff lässt auch der Durchmesser oder die Höhe eine Aussage auf den Karat Wert zu. 3mm Durchmesser = ca. 0,1ct / 6,5 mm ca. 1,00 ct / 8,2mm= 2ct

Reinheit: Für die Reinheitsbeurteilung wurde eine Vergrößerung um das 10fache festgelegt. Die Beurteilung erfolgt von lupenrein über Einschlüsse, sehr schwer erkennbar, bis mit freiem Auge sichtbar. Je reiner ein Diamant ist, desto wertvoller.

Farbe: Diamanten kommen in praktisch allen Farben vor. Die beliebteste Variante ist allerdings weiß. Angaben dazu werden von Weiß bis Gelb abgestuft.

Schliff: Gerade der Schliff bringt den Diamanten erst zum Funkeln und Leuchten wie kein anders Material. Bewertet wird der Schliff durch Angaben von hervorragend/ gute/ geminderte/ erheblich geminderter Brillanz.

Diamant von Zirkonia und Bergkristall unterscheiden

Bergkristall ist wie Diamant ein transparentes Mineral und Zirkonia ist ein künstlich hergestelltes glasartiges Produkt aus Zirkonium(IV)Oxid.
Unterschieden werden alle 3 durch ihre unterschiedliche Härte, Dichte und dem Glanz. Das Funkeln und Leuchten von Diamanten ist unvergleichlich dagegen haben Zirkonia und Bernstein, höchsten einen glasartigen Glanz.

Bezeichnung	Mohs Härteskala	Dichte
Diamant	10	3,47-3,55g/cm³
Bergkristall	7	2,65g/cm³
Zirkonia	8	5,6-6,0g/cm³

PERLEN UND DIAMANTEN

Farbbeurteilung eines Diamanten	
Code	**Farbe**
R+	hochfeines blauweiß
R	feines blauweiß
TW+	hochfeines weiß
TW	feines weiß
W	weiß
TC+	sehr leicht gelblich 1
TC	sehr leicht gelblich 2
CR+	sehr leicht gelblich 3
CR	sehr leicht gelblich 4
TCA+	leicht gelblich 1
TCA	leicht gelblich 2
CA+	gelblich 1
CA+	gelblich 2
LY	gelblich 3
Y	gelb

Gewicht und Abmessung		
Carat ct	**Gewicht g**	**Durch messer mm**
0,05	0,01	2,3
0,1	0,02	3
0,25	0,05	4,1
0,5	0,1	5,1
0,75	0,15	5,9
1	0,2	6,5
1,25	0,25	7
1,5	0,3	7,4
2	0,4	8,2
3	0,6	9,3
4	0,8	10,3
5	1	11,1
10	2	14

Reinheit eine Diamanten		
Abk.	**Bezeichnung**	**Einschlüsse**
FL	Flawless	Keine = lupenrein
IF	Internally Flawless	Keine evt. Schleifspuren
VVS1/VVS2	Very, very small inclusions	sehr, sehr klein
VS1/VS2	Very small inclusions	erkennbar
SI1/SI2	Small Inclusions	leicht bis deutlich erkennbar
PI1/PI2/PI3	Pique1	ohne Lupe erkennbar brillianz beeinträchtigt

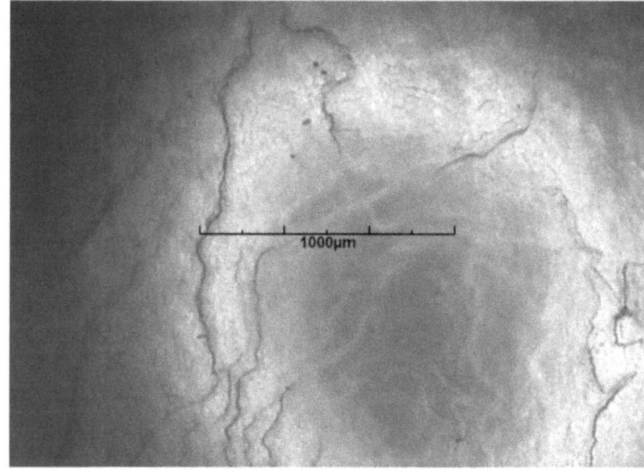

Echte Perle 25 fach vergrößert

METALLE UND LEGIERUNGEN

Metalle sind ein wesentlicher Bestandteil unserer materiellen Welt. Je nach Verwendungszweck gibt es verschieden Legierungen um härtere, biegsamere oder leichtere Werkstoffe zu erhalten. Welche Verwendungszwecke werden welchen Legierungen zugeschreiben und welche Eigenschaften unterscheiden sie.

Metalllegierungen und Einteilung

Grob kann man metallische Werkstoffe in Eisenmetalle, und diese in Stahl und Gusseisen unterteilen. Nichteisenmetalle werden in Schwermetalle wie Chrom, Blei oder Kupfer und in Leichtmetalle wie Aluminium, Magnesium oder Titan unterschieden.
Reine Metalle sind sehr selten in Verwendung, den die «richtigen Eigenschaften» erhalten Metalle erst durch Legierungen mit anderen Metallen.

Eigenschaften der Metalle

Metalle glänzen, sind verbiegbar, haben eine gut Leitfähigkeit für Wärme und elektrischen Strom und haben einen relative hohen Schmelzpunkt.

Farbe des Metalls

Jeder kennt das gelbe, glänzen von Messing oder das Braun von Bronze. Auch die silbrige Farbe von Aluminium und das Hellgrau von Zinn oder das Dunkelgrau von Zink ist bekannt. Ebenso wie stahlblauer Stahl und dunkelgraues Eisen.

Magnetismus

Der Magnetismus ist ein wichtiges Unterscheidungsmerkmal von Eisen und Nichteisenprodukten. Ausnahmen sind jedoch Gusseisen das nicht magnetisch ist und Nickel das einen Magnet anzieht.

Schmelzpunkt

Besonders bei den Metallen unter 800°C ist eine Unterscheidung durch das Schmelzverhalten in einer Bunsenbrenner Flamme möglich, vor allem Zink, Zinn, Blei fallen dabei auf.

Wärmeleitfähigkeit

Neben der Wärmeleitfähigkeit ist die elektrische Leifähigkeit von Metallen sehr gut. Schnell kann diese mit einem Eiswürfel getestet werden. Bei guter Wärmeaufnahme schmilzt der Eiswürfel rasch.

Dichte

Mit der schon beim Goldtest beschriebenen archimedischen Methode, kann die Dichte eines Metalls rasch ermittelt werden. Gerade die Dichte ist ein gutes Unterscheidungsmerkmal.

Löslichkeit mit Säuren

Unedle Metalle reagieren mit Säuren unter Bildung eines Salzes und freiwerden von Wasserstoffgas.

Nomenklatur von Legierungen

Bei Legierungen sind Kurzbezeichnungen üblich wie z. B. X12CrNi18-8 dies bedeutet, dass unter 0,12% Kohlenstoff, 17-19% Chrom und 7-9% Nickel im Stahl enthalten sind. Weiteres im Google.

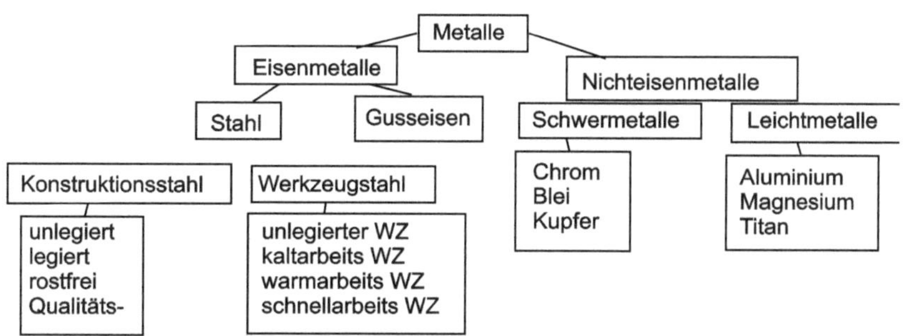

Metalle und Legierungs Eigenschaften

Bezeichnung	Dichte g/cm³	Schmelztemp. °C	Wärmeleitfähigkeit cal/cm/sec/°C	Ausdehnung mm/1000m/°K
Aluminium	2,7	660	0,53	23,8
Blei	11,34	327	0,083	28,3
Bronze	8,73	915-1040	0,16	17,3
Chrom	7,19	1890	0,16	6,2
Eisen	7,87	1530	0,18	11,7
Grauguß	7,2	1150-1300	0,13	9
Kupfer	8,96	1083	0,94	16,2
Magnesium	1,74	650	0,38	24,5
Messing	8,5	910	0,22	19
Nickel	8,9	1455	0,22	13,3
Ni-Stahl 36%	8,13	1450	0,025	0,9
Platin	21,45	1774	0,17	8,9
Quecksilber	13,55	-38,9	0,02	1823
Rotguss	8,7	960	0,14	17
Stahl C 15	7,85	1510	0,12	11,1
Stahl C 60	7,83	1470	0,11	11,1
Tantal	16,6	3000	0,13	6,6
Titan	4,54	1800	0,041	10,8
Vanadium	6	1735		8,5
Wismut	9,8	271	0,02	12,4
Wolfram	19,3	3380	0,48	4,5
X10Cr13	7,75	1500	0,065	10
X12CrNi18-8	7	1400	0,039	16
X41Cr4	7,84	1490	0,1	11
Zink	7,14	419	0,27	29,8
Zinn	7,3	232	0,16	20,5

HOLZ ALS WERKSTOFF

Holz wird sowohl als Baumaterial für Häuser und Möbel, wie auch als Brennmaterial verwendet. Holz ist ein Naturprodukt und kann sowohl in Farbe als auch im Aussehen, stark unterschiedlich sein. Die interessanten Eigenschaften wie Dichte, Farbe, Härte, Belastbarkeit oder Brennwert können zur Bestimmung herangezogen werden.

Physikalische Eigenschaften

Erstes Erkennungsmerkmal eines Holzes ist seine Helligkeit und Farbe. Die Sichtbarkeit der Maserung im Längsschnitt und die Erkennbarkeit der Jahresringe im Querschnitt. Ein weiteres Erkennungsmerkmal, bei frischem unbehandeltem Holz, ist auch der Geruch. Alterung, Trocknung oder Lasierung verändert allerdings das Holzaussehen stark.

Farben:

Weißlich: Ahorn, Birke, Hainbuche, Linde, Pappel, Tanne

Gelblich: Fichte Esche, Douglasie

Grünlich: Pockholz

Rötlich: Birnbaum, Eibe, Erle, Kiefer, Kirschbaum, Lärche, Teakholz

Bräunlich: Eiche, Nussbaum, Platane, Rotbuche, Rüster

Schwärzlich: Mooreiche, Ebenholz, Altholz

Maserung: *Erkennbar bei:* Eiche, Fichte, Esche, Kiefer, Lärche, Rüster

Schwach erkennbar: Ahorn, Birke, Eibe, Kirschbaum, Rotbuche

Undeutlich erkennbar: Apfelbaum, Birnbaum, Erle, Rosskastanie

Jahresringe: *Deutlich erkennbar bei:* Eiche, Esche, Kiefer, Lärche

Undeutlich erkennbar: Birke, Birnbaum, Erle

Holzdichte bestimmen

Gerade bei der Holzdichte ist die Holzfeuchte ein wichtiger Faktor. Holz kann darrtrocken, lufttrocken, fasergesättigt, waldfrisch oder wassergesättigt sein. Bei luftgetrocknetem Holz ist eine Feuchte von 14-18% anzunehmen. Holz für Möbelstücke hat eine Feuchte von 8-10%.

Um die Holzdichte rasch zu ermitteln lässt man ein längliches gleichförmiges Stück in Wasser eintauchen und man bestimmt die Eintauchtiefe. Die Prozent zur Gesamtlänge, ergeben die Dichte. 100% eingetaucht = Dichte 1,00g/cm³ 55% eingetaucht = 0,55g/cm³ usw.

Brinell Härte bestimmen

Der Unterschied zwischen Hartholz oder Weichholz wird nach der Brinell - Härtetestmethode bei einer Holzfeuchtigkeit von 12% (lufttrocken) gemessen. Dabei wird eine 10mm (oder kleinere) Stahlkugel, mit einer bestimmten Kraft (in Newton gemessen), für 30 Sekunden, in die Holzoberfläche gedrückt. Der Durchmesser der Abdruckfläche wird vermessen und daraus die Härte nach Brinell berechnet.

Praktisch legt man eine Stahlkugel auf einen harten Untergrund, legt das Holz Teil zur Hälfte darauf und steigt mit seinem Körpergewicht für 30 Sekunden darauf. Da die Kraft des Gewichts zur Hälfte in den Boden drückt, kann auch nur die Hälfte des Körpergewichts zur Berechnung herangezogen werden.

Ein Beispiel mit einem 80kg schweren Mann

Durchmesser Kugel D = 10mm

Durchmesser Abdruck d = 2mm

Kraft F= 80kg/2 = 40kg = 392 N   (1kN = 102kg)

Härte (Brinell) = 2xF/π x D x (D-√D² - d²) = 2*40/ 3,14*10(10-√100-4) = 80/31,4*0,202=12,6

Das gemessen Holz hat eine Härte von 13 und es handelt sich um eine weiches Fichtenholz.

HOLZ ALS WERKSTOFF

Holzart	Farbe	Helligkeit	Maserung	Mittlere Härte	Mittlere Dichte
Ahorn (Europa)	weiß-, gelblich	sehr hell	kaum sichtbar	30	0,63
Ahorn (Kanada)	weiß-, gelblich	sehr hell	kaum sichtbar	34	0,70
Apfelbaum	hellbraun	mittelhell	kaum sichtbar	27	0,75
Balsa	hellgelb	sehr hell	nicht sichtbar	2,5	0,12
Birke (Europa)	weißlich	sehr hell	sichtbar	22	0,33
Birke (Kanada)	gelblich	sehr hell	sichtbar	34	0,62
Birnbaum	bräunlich	sehr hell	kaum sichtbar	34	0,74
Buche	gelb-, rötlich	hell	sichtbar	34	0,71
Douglasie	bräun-, rötlich	mittelhell	kaum sichtbar	18	0,53
Edelkastanie	beige	sehr hell	sichtbar	19	0,60
Eibe	röt-, bräunlich	mittelhell	gut sichtbar	30	0,62
Eiche	gelbbraun, grünlich	hell	kaum sichtbar	34	0,68
Erle	bräun-, rötlich	mittelhell	sichtbar Kern	18	0,55
Esche	weiß-, gelblich	mittelhell	gut sichtbar	39	0,69
Fichte	gelb-, rötlich	hell	gut sichtbar	12	0,47
Hainbuche	rötlich,	sehr hell	nicht sichtbar	36	0,80
Kiefer	gelblich	mittelhell	sichtbar Kern	19	0,52
Kirschbaum	bräun-, gelb-, rötlich	hell	sichtbar Kern	45	0,62
Lärche	rötlich,	mittelhell	gut sichtbar	19	0,59
Linde	weißlich	sehr hell	nicht sichtbar	17	0,53
Mahagoni (Afrika)	dunkelbraun, rötlich	dunkel	kaum sichtbar	19	0,60
Mahagoni (Amerika)	dunkelbraun, rötlich	dunkel	kaum sichtbar	17	0,50
Nussbaum	gold,gelb, bräunlich	dunkel	kaum sichtbar	52	0,68
Olive	braun, dunkelbraun	dunkel	gut sichtbar	51	0,85
Pappel	weiß-, gelblich	sehr hell	nicht sichtbar	19	0,47
Robinie	gelb-, günlich	sehr hell	kaum sichtbar	46	0,75
Rosskastanie	gelblich	sehr hell	sichtbar Kern	19	0,55
Tanne	weißlich	sehr hell	sichtbar Kern	38	0,47
Teak	rötlich, braun	dunkel	kaum sichtbar	19	0,63
Ulme (Rüster)	bräunlich	dunkel	kaum sichtbar	30	0,68
Weide	weiß-, gelblich	hell	kaum sichtbar	29	0,45
Zeder	bräunlich	dunkel	nicht sichtbar	21	0,47
Zirbe	weißlich	sehr hell	gut sichtbar	19	0,49
Zwetschkenbaum	bräunlich	mittelhell	kaum sichtbar	30	0,80

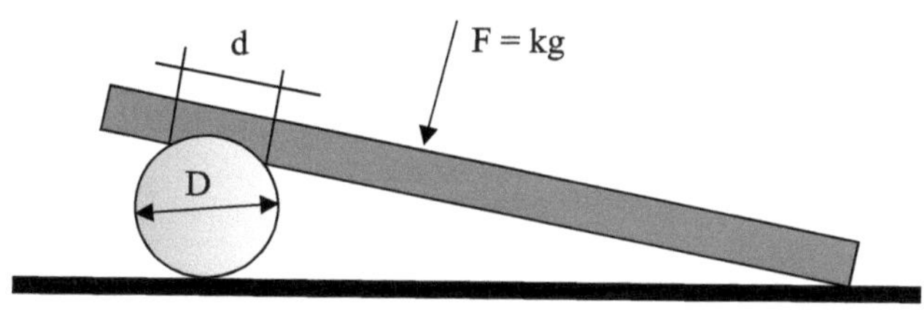

Härtetest Brinell

FESTSTOFF UNBEKANNT

Unbekannte Substanzen analysieren ist die Königsdisziplin der Analytiker. Metall oder Nichtmetallatome. Organische oder anorganische Verbindung ist zu klären. Moderne Labor verwenden zur Bestimmung von Elementen die Röntgenanalyse. Dabei werden die inneren Elektronenhüllen eines Atoms mit Röntgenstrahlen angeregt und das gemessene Energieniveau ist für jedes Element charakteristisch.

Erhitzen der Substanz

Die erste Beobachtung der unbekannten Substanz: Hat die Probe ein metallisches oder nichtmetallisches Aussehen? Ist die Probe homogen oder eine Gemenge (Mischung aus verschieden Stoffen)?

Eine kleine Menge wird in einem Reagenzglas langsam in der Flamme erhitzt. *Dabei kann beobachtet werden:* Schmelze, Farbveränderung, Gase, Dämpfe, Sublimation.

Tritt Wasser aus der Probe aus, wird der pH Wert mit Streifentest gemessen, ist dieses neutral, handelt es sich höchstwahrscheinlich um Kristallwasser.

Kondensiert Wasserdampf und bleibt verkokstes Material zurück, handelt es sich um organisches Material, das in Kohlenstoff, Wasser und CO_2 zerfällt.

Schmelze und Gasentwicklung

Schmilz die Substanz und welche Farbveränderung entsteht dabei, oder sublimiert ein Teil, das heißt, dass Kristalle ohne Dampfphase, weiter oben im Reagenzglas entstehen.

Gase die beim Erhitzen austreten, verraten sich durch brennenden Span, Geruch, pH-Wert oder Dampffarbe. Hier können auch giftige Dämpfe entstehen. Vorsicht! Gelbgrüne Dämpfe können Chlordämpfe sein. Stinkende Gase deuten auf Schwefeloxid oder Schwefelwasserstoff hin. Diese sind auch giftig!

Schmelzpunkt

Schmilzt die Substanz beim Vorversuch, so kann ein genauer Schmelzpunkt eine exakte Bestimmung ermöglichen. Dazu wird eine kleine Menge in einer Glaskapillare gegeben, diese an ein Thermometer befestigt und beides in einem Glyzerinbad langsam erwärmt. Beim Schmelzpunkt sackt die feste Substanz sichtbar in sich zusammen und wird flüssig. Die abgelesen Temperatur ist der Schmelzpunkt. Aus Tabellen ist eine Zuordnung möglich.

Flammenfärbung

Einige Metalle lassen sich durch die Flammenfärbung nachweisen. Man hält einen Platindraht (oder billiger Magnesiumoxidstäbchen) in eine rauschende Flamme mit viel Luft. Ein kurzes Aufflammen verrät das Element. Zwischendurch hält man das Stäbchen in verdünnte Salzsäure, um es zu reinigen und aus den Substanzen Chloride herzustellen.

Sodaaufschluss, Teststreifen oder chemischer Nachweis

Um Anionen wie Chloride, Sulfate oder Nitrate nachzuweisen, wird die Untersuchungssubstanz mit konzentrierter Sodalösung 5 Minuten gekocht, filtriert und die Lösung für den Nachweis verwendet. Mit Salpetersäure und Silbernitrat entsteht ein weißer Niederschlag = Chlorid

Mit Salzsäure ansäuern und Bariumchloridlösung, entsteht ein weißer Niederschlag = Sulfat

Mit verdünnter Schwefelsäure ansäuern, Eisen II Sulfat Lösung und konzentrierter Schwefelsäure unterschichten, entsteht ein brauner Ring an der Schichtgrenze = Nitrat

Andere Anionen verraten sich durch die austretenden Gase und Dämpfe.

Flammenfarben und Elemente	
Antimon	fahlblau
Arsen	fahlblau
Barium	grüngelb
Blei	fahlblau
Bor	apfelgrün
Caesium	hellblau bis violett
Calcium	ziegelrot
Kalium	blauviolett
Kupfer	hellgrün
Kupfersulfat	kräftig grün
Litium	kaminrot
Molybdän	zeisiggrün
Natrium	gelb
Phosporsäure	blaugrün
Selen	kornblumenblau
Strontium	purpurrot
Wismut	fahlblau

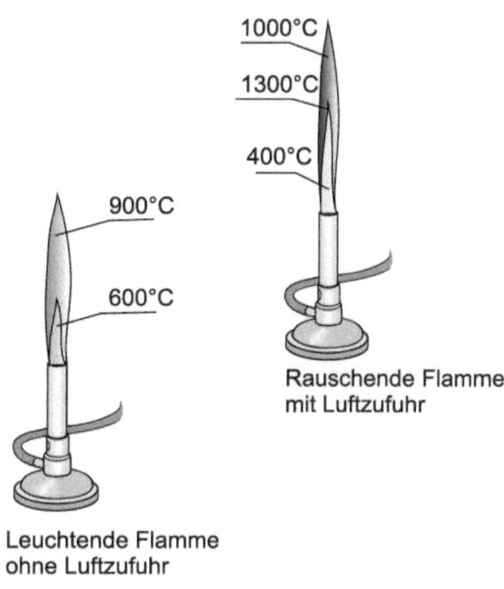

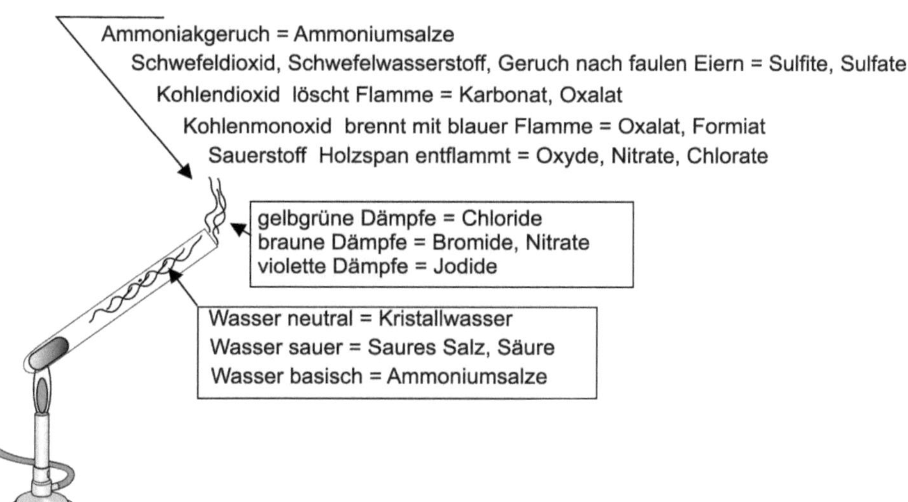

FLÜSSIGKEITEN UNBEKANNT

Den ersten Eindruck einer Flüssigkeit erhält man durch ihren Geruch, ihre Farbe und ihre Viskosität. Dick wie Öl oder dünn wie Wasser. Typische Gerüche nach Essig, Benzin, Aceton uvm. lassen weiter Vermutungen zu. Brauchbare Messwerte sind bei Flüssigkeiten die Dichte, der Siedepunkt und der Brechungsindex. Aussagekräftig sind diese Werte nur bei chemisch reinen einheitlichen Substanzen.

Dichte

Die Dichte einer Flüssigkeit ist von der Temperatur abhängig. Tabellen mit Dichtewerte beziehen sich daher auf eine Temperatur von 20°C. Je kälter umso «schwerer» wird die Flüssigkeit. Grob kann man, pro Grad Celsius, einen Betrag von 0,00002g/ml addieren oder subtrahieren wenn die Flüssigkeit über oder unter 20°C hat.

Dichtemessung: Ein möglichst genaues Volumen wird abgewogen. Das Gewicht dividiert durch das Volumen, ergibt die Dichte in g/cm³ oder g/ml. Dieser Wert kann je nach Temperaturabweichung von 20°C noch korrigiert werden. (+- 0,00002g/°C)

Spindelmessung: Eine weitere Art der Dichtemessung von Flüssigkeiten ist die Spindelmessung. Dabei wird ein Schwimmkörper mit einer Skala in die Flüssigkeit gesetzt. Je nach Dichte, taucht der Körper (die Spindel), mehr oder weniger in die Flüssigkeit ein. Abgelesen wird an der Flüssigkeitsoberfläche und der Messskala. Moderne Labors bestimmen die Dichte mit Schwingungsmessgeräten. Dabei wird die Flüssigkeit in Schwingung versetzt und die dämpfende Eigenschaft gemessen, ähnlich einer Stimmgabel. Diese Geräte sind für den Hausgebrauch aber zu teuer und kosten mehrere tausend Euro.

Siedepunkt

Siedepunkt wird durch langsames erwärmen der Flüssigkeit in einer Eprouvette bestimmt. In der Eprouvette befinden sich ein Thermometer und eine dünne Kapillare aus Glas. Wenn die Luftperlen, die beim Erreichen der Siedetemperatur eine zusammenhängende Kette bilden, wird die Temperatur abgelesen.
Handelt es sich um ein Gemisch aus verschiedenen Flüssigkeiten und ist eine Destillation möglich, dann wird die Temperatur am Übergang, von Dampfphase in die flüssige Phase (kurz vor dem Kühler), vermerkt.

Brechungsindex

Trifft ein Lichtstrahl aus der Luft, auf ein flüssiges Medium auf, so wird er gebrochen. Dieser Brechungsindex ist ein spezifisches Merkmal einer Flüssigkeit und ist Temperaturabhängig.
Ein besonders sensibles Messwerkzeug ist das Refraktometer. Geringste Verunreinigungen verändern den Brechungsindex bei Flüssigkeiten. Bei genauer Einhaltung der Temperatur, ergeben sich genaue Werte, die spezifisch für eine bestimmte Flüssigkeit sind. Destilliertes Wasser hat z. B. einen Wert von 1,3330 bei 20°C.

Flüssigkeiten und Messdaten		
Name	Siedepunkt °C	Brechungsindex 20°C
Äther	34,5	1,3526
Aceton	56,2	1,3588
Chloroform	61,7	1,4459
Methanol	64,7	1,3287
Ethanol	78,3	1,3614
iso-Propanol	82,3	1,3776
Propanol	97,2	1,3850
Wasser	100,0	1,3330
Nitromethan	100,8	1,3817
Toluol	110,6	1,4961
Glycerin	290,0	1,4745
Schwefelsäure konz.	335,0	1,3720

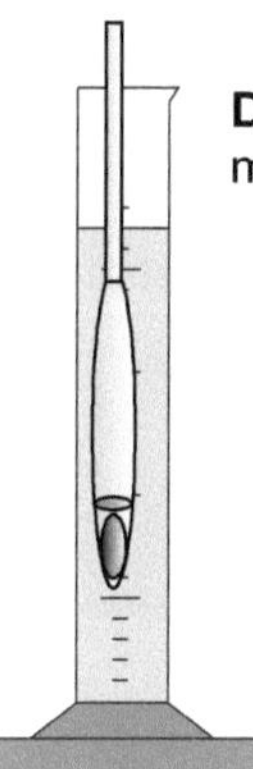

Dichtebestimmung von Flüssigkeiten
mit einer Spindel

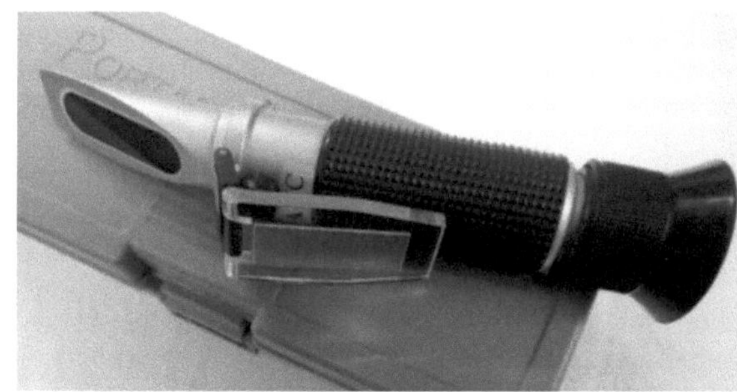

Refraktometer zur Bestimmung des
Brechungsindex

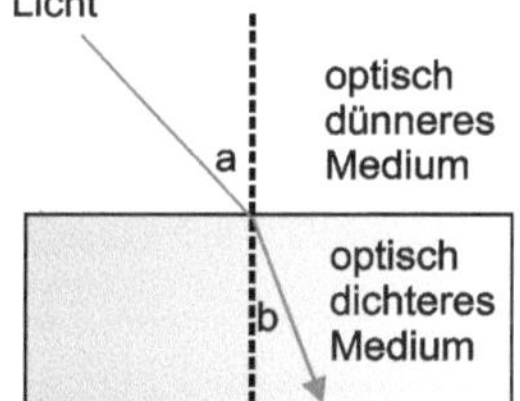

Beugung des Lichts von
Luft in Flüssigkeit

GASE UNBEKANNT

Gase beachten wir im Alltag erst wenn wir sie riechen, dann kann es allerdings schon zu spät sein, da einige Gase eine extrem toxische Wirkung haben. Das bekannteste dieser Gase ist, der Zigarettenrauch, in dem bis zu 70 toxische Gase enthalten sind. Andere Gase wie Wasserstoff, Sauerstoff, Stickstoff, Kohlendioxid, Kohlenmonoxid, Stickoxide, Schwefeldioxid sind mehr oder weniger, in der Atemluft vorhanden.

Gase im Labor

Um Gase im Labor herzustellen werden entweder Salze oder Flüssigkeiten erhitzt. Es werden chemische Reaktionen durchgeführt, bei denen die entsprechenden Gase frei werden. Wichtiges Kriterium ist die Dichte der Gase (leichter oder schwerer als Luft) und die Giftigkeit. Daten dazu sind im Internet verfügbar.

Sauerstoff:

Wird durch Erhitzen von Kaliumpermanganat, oder durch Wasserstoffperoxid 10%ig auf Mangan (IV) Oxid auftropfen, erzeugt. Ein einfacher Nachweis von Sauerstoff ist der glimmende Holzspan, der mit Sauerstoff zu brennen beginnt.

Stickstoff:

Ist zu 78% in der Atemluft vorhanden. Erzeugt wird Stickstoff durch eine Reaktion von Natriumnitritlösung auf Ammoniumchlorid. Es ist farb- und geruchlos.

Kohlendioxid:

Kohlendioxid wird durch eine Reaktion einer Säure, mit Kalk oder Backpulver erzeugt. Nachweis ist der brennende Span erlischt. Da es zwar nicht giftig ist aber den Sauerstoff verdrängen kann, ist auf gut Durchlüftung zu achten. (Gärkellergas!)

Kohlenmonoxid:

Kohlenmonoxid ist sehr giftig und entsteht bei der unvollständigen Verbrennung. Im Labor kann es durch Schwefelsäure konz. auf Natriumformiat erzeugt werden. Es brennt mit blauer Flamme.

Wasserstoff:

Ist brennbar und bildet leicht explosive Gemische mit Luft (Knallgas). Erzeugt wird Wasserstoff durch Auftropfen von Salzsäure-10%ig auf Zinkgranulat.

Gase und Sicherheit

Viele Gase sind giftig, brandfördernd oder explosiv. Daher können Gase nur in einem Labor mit Abzug und Kipp'schen Apparat hergestellt werden. Dieses Glasgerät verdrängt bei der Gaserzeugen den flüssigen Reaktionspartner durch den entstanden Druck und damit wird die Reaktion unterbrochen bis wieder Gas entnommen wird. Außerdem ist eine Absaugung (Abzug) bei Gaserzeugung aus Sicherheitsgründen wichtig.

GASE UNBEKANNT

Erzeugung von Gasen im Labor		
Gas	**Zugetropft Flüssigkeit**	**Vorgelegter Stoff**
Wasserstoff	Salzsäure 19%ig	Zinkgranulat
Sauerstoff	Wassersoffperoxid 10%ig	Mangan(IV)oxid
Stickstoff	Natriumnitritlsg.	Ammoniumchloridlsg.
Chlor	Salzsäure konz.	Kaliumpermanganat
Chlorwasserstoff	Schwefelsäure konz.	Natriumchlorid
Schwefelwasserstoff	Salzsäure 10%ig	Eisen(II) sulfid
Ammoniak	Natronlauge 40%ig	Ammoniumchlorid
Kohlenstoffdioxid	Salzsäure 10%ig	Calciumcarbonat
Kohlenstoffmonoxid	Schwefelsäure konz.	Natriumformiat
Schwefeldioxid	Schwefelsäure 20%	Natriumsulfit
Methan	Wasser warm	Aluminiumcarbid
Ethin	Wasser	Claciumcarbid

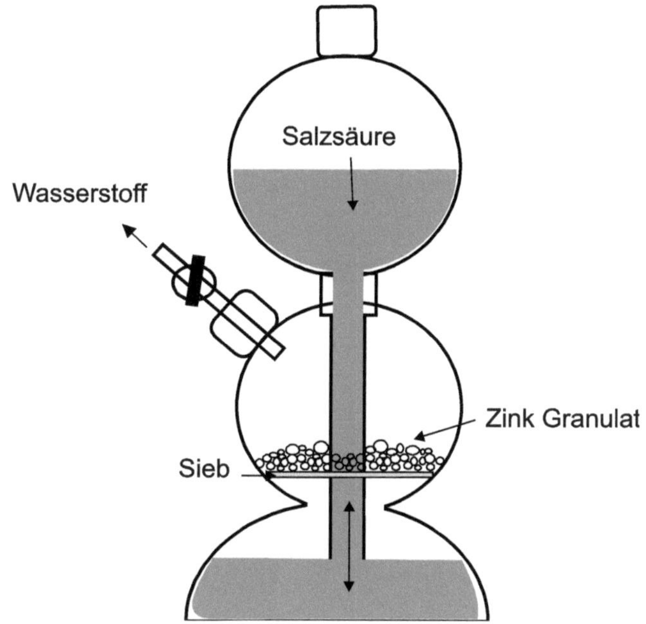

Kipp` scher Apparat zur Gaserzeugung

MIKROSKOPISCH UNTERSUCHUNGEN

Optische Vergrößerungen sind untrennbar mit naturwissenschaftlichen Erkenntnissen verbunden. Das Auflösevermögen unserer Augen ist auf ca. 0,2mm beschränkt. Erst durch Lupen und Mikroskopie erhöht sich der Sehwinkel, und wir erhalten Einblicke in kleinste Welten von 0,005mm (500nm) und darunter. Praktisch sind damit Zellen und Bakterien sichtbar. Viren und DNS Stränge jedoch werden erst durch ein Elektronenmikroskop erfasst.

Aufbau eines Lichtmikroskops

Die wichtigsten Bestandteile eines Mikroskops sind das Okular, das Objektiv und die Röhre die Beide verbindet, der Tubus. Neben diesen Teilen ist noch die Beleuchtung ein wichtiger Faktor, für ein vergrößertes Bild mit guter Auflösung. Dazu braucht es eine Halogen oder LED Lampe, eine Kollektorlinse die für ein gleichmäßiges Licht sorgt und einen Kondensor der das Licht am Objekttisch bündelt. Manche Mikroskope verwenden Prismen und Spiegel zum Umlenken des Lichtes im Strahlengang.

Vergrößerung, Auflösung, Sehfeld

Das Lichtmikroskop wird durch die Wellenlänge des sichtbaren Lichts von ca. 550nm beschränkt. Daher ist eine Vergrößerung von mehr als 1500fach nicht sinnvoll.
Für die Abschätzung der Vergrößerung, der Auflösung und der Größe des Sehfeldes sind die Angabe auf Okular und Objektiv wichtig.

Angaben auf dem Objektiv: Die Vergrößerung und die numerische Apertur (Lichtstärke) z. B. 40x/0,65

Angaben auf dem Okular: Die Vergrößerung und die Sehfeldzahl z.B.10x/22

Berechnung der Vergrößerung:

Objektiv 40 fach x Okular 10 fach = 400fache Vergrößerung

Berechnung der Auflösung von Details:

Diese berechnet sich aus der Angabe der Lichtstärke am Objektiv, 550nm wird als Mittel des sichtbaren Lichts angenommen.
Auflösung = 550nm/ 2 x 0,65 = 423nm (0,004mm Abstand zwischen zwei Teilchen ist noch erkennbar).

Berechnung des Sehfeldes

Um abzuschätzen wie groß der sichtbare Ausschnitt ist wird die Sehfeldzahl des Okulars durch die Vergrößerungszahl des Objektivs dividiert. 22mm/40x = 0,55mm. Ergibt den Durchmesser der gesamten sichtbaren Abbildung.

Messokular

Steht kein Messokular mit einem eingebauten Maßstab zur Verfügung, kann ein Geldschein, mit seiner Mikroschrift, zur Abschätzung verwendet werden.

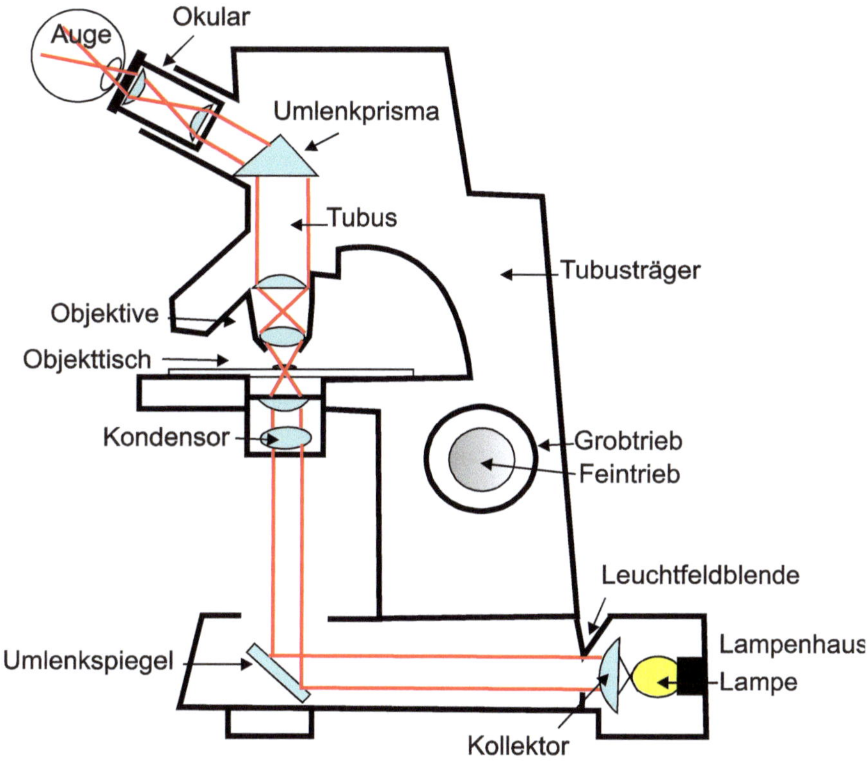

Strichstärke beträgt 0,025mm
im Torbogen 20 € Schein

Präparat

Neben der Qualität der Linsen und der Art der Beleuchtung, sind die Präsentation des Objekts und die Vorbereitung entscheidend für den Erfolg einer mikroskopischen Betrachtung.
Lebend- oder Dauerpräparat, frisch oder gefärbt viele Techniken werden dabei angewendet. Ist das Präparat durchsichtig, oder undurchsichtig, entscheidet über Durchlicht oder Auflicht-Beleuchtung.

Grundausstattung

Um Präparate herstellen zu können braucht es Glas Objektträger 26x76mm, Pinzette, Rasierklingen, Präparier Nadeln, Feuerzeug, durchsichtiges Klebeband, UHU hart, Nagellack, Wachs, Isopropanol, Ethanol, destilliertes Wasser, Tusche, Glyzerin, Kalilauge, Glyzeringelatine und Holundermark selbst gesammelt.

Präparationstechniken

Trockenpräparat: Dabei wird das Präparat mit einem klaren Tesaband gesichert und quer auf den Objektträger geklebt. Mit dem Skalpell wird der Tesastreifen zurecht geschnitten. Eignet sich für Pflanzenhaare, Fuseln oder Hausstaubmilben. Tesafilm und Nagellack eignet sich auch gut um das Deckglas am Objektträger zu fixieren und so Haare, Lackabdrücke oder Kristalle dauerhaft einzuschließen.
Aufstrich Präparat: Dabei wird ein Tropfen Flüssigkeit mit einem zweiten Objektträger großflächig verteilt, getrocknet und eventuell mit Färbelösung behandelt. Geeignet für Blut, Mundabstrich oder Bakterien.
Lackabdruck: Dabei wird die Oberfläche eines Objekts mittels UHU hart abgebildet. Der getrocknete und abgezogene UHU kommt unters Mikroskop. Geeignet für Blätter und Haare.

Handschnitt: Mit einer Rasierklinge werden feine Schnitte von Blättern und Stängel hergestellt. Ist das Objekt sehr weich wird es in ein aufgeschnittenes Holundermarkstück eingebettet und dann erst geschnitten
Färben von Handschnitten: Das Präparat wird mit Klorix (Natriumhypochlorat Bleichmittel) 30 min eingeweicht. Dann mehrmals mit Wasser gewaschen und ein kleiner Teil des Präparats auf den Objektträger aufgebracht. Durch dreimaliges Auftropfen einer Färbelösung und absaugen mittels Papiertaschentuch, wird das Objekt eingefärbt. Danach wird mit Alkohol auftragen und absaugen, das Objekt getrocknet. Tusche oder Tinte sind einfache Färbemittel.

Kristallpräparat: Kristalle lösen und auf dem Objektträger eintrocknen lassen. Dabei kann man das Kristallwachstum beobachten. Für Salz, Zucker, Vitamin C.

Auflichtpräparat: Undurchsichtige Objekte werden von oben beleuchtet. Dazu braucht es einen schwarzen Objektträger. Dieser wird mit schwarzem Lack und einer Pappunterlage hergestellt. Die lackierte Seite befindet sich unten.

Insektenteile präparieren: Die Insektenteile werden, zum Herauslösen von organischem Gewebe, in verdünnter KOH einige Wochen eingelegt. Anschließend das Objekt gut mit Wasser spülen und mit reinem Alkohol trocknen.

Einbetten in Gelatine: Das Objekt wird auf einem angewärmten Objektträger in einen Tropfen Gelatine eingebracht. Mit einem Deckglas abdecken und 4 Wochen trocknen lassen. Dann kann der Rand mit Lack versiegelt werden.

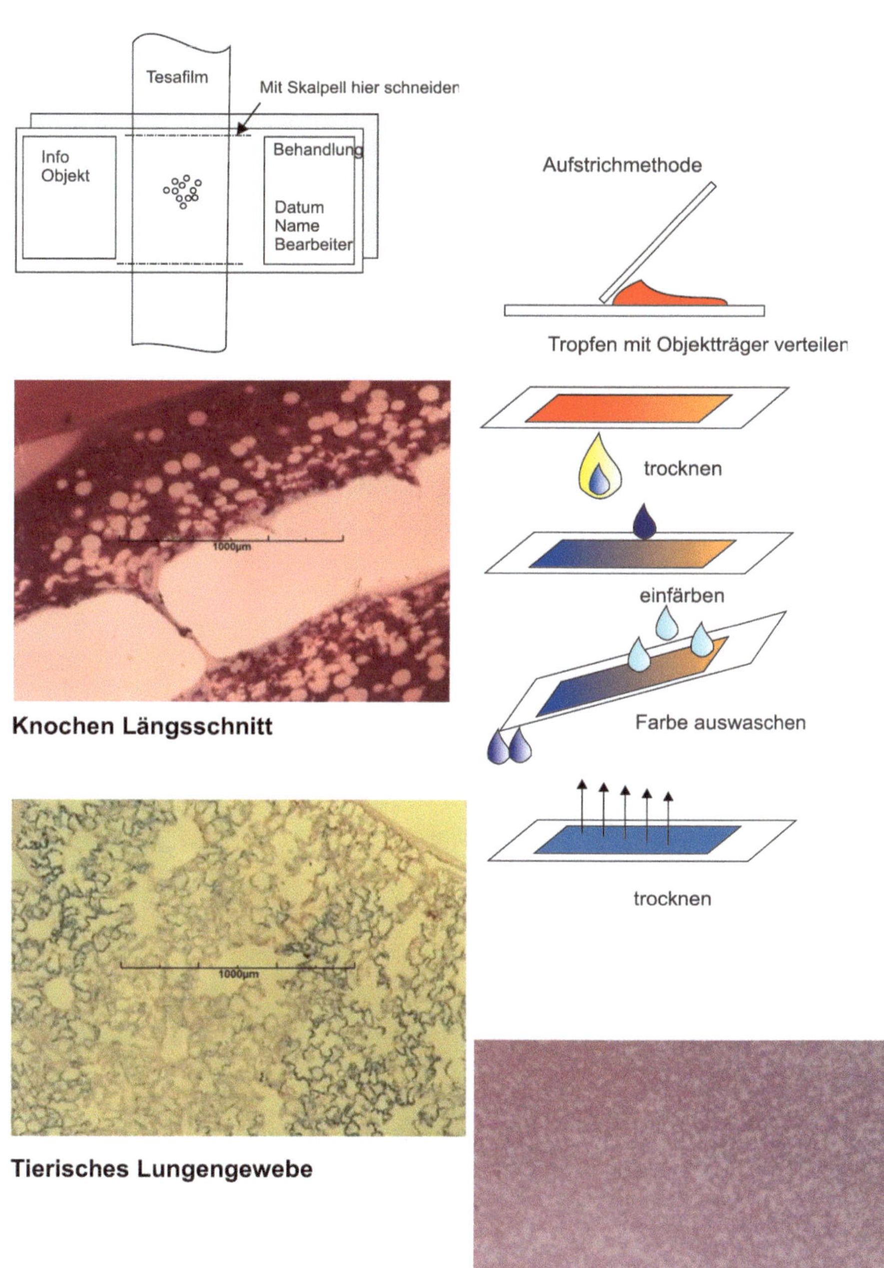

Knochen Längsschnitt

Tierisches Lungengewebe

Menschliches Blut

Grundlagenforschung betreibe ich dann, wenn ich nicht weiß was ich tue.
Wernher von Braun (1912-1977)

10 Tipps, Internet, Laborbedarf und Literatur

Wer liefert was? Wo bekommt man günstig Chemikalien und Laborausrüstung,
welche Seiten im Internet helfen wirklich bei einem Thema weiter und welche
Literatur fand, zur Zusammenstellung dieses Buches, Verwendung.
Das Stichwortverzeichnis ermöglicht gezielt den Einstieg in die einzelnen Kapiteln.

Kap	Internetadresse	Kurzbeschreibung
1	www.amazon.de	Chemikalien, Schnelltests, Laborgeräte uvm.
1	www.code-knacker.de	Entschlüsselt Barcodes, Symbole uvm.
1	www.conrad.at	Elektronik Fachgeschäft, Refraktometer, pHMeter, E-Controller, Waagen
1	www.laborladen.de	Laborglas, Indikatoren, Testlösungen
2	www.jbl.de	Vertreiber von Zusatzstoffen und Analysesets für Aquarien
2	www.naturkalk.de	Düngerempfehlungen für Gärtner
2	www.umweltbundesamt.at (de)	Viel Info auch aktuelle Tageswerte zum Thema Umwelt
2	www.wasserpantscher.at	Wasser Teststreifen, Verkauf
3	www.biosiegel.de	Biosiegel der EU Regeln und Betriebe
3	www.bmelv.de	Rechtsvorschriften zum Thema Bio
3	www.bvl.bund.de	Bundesamt für Verbraucherschutz und Lebensmittelsicherheit
3	www.eierdatenbank.at	Datenbank Herkunft der Eier in Österreich
3	www.kalorientabelle.net	Was hat wieviel kcal?
3	www.lebensmittelbuch.at	Alles über Bestimmungen zu Nahrungsmittel
3	www.lebensmittellexikon.de	Nahrungsmittel, Kalorienberechnungen
3	www.oekolandbau.de	Kontrolle und Zertifizierung für Biosiegel
3	www.oekolandbau.de.	Kontrolle und Zertifizierung für Biosiegel
3	www.oeko-regelungen.de	Gesetze zum Thema Bio
3	www.was-steht-auf-dem-ei.de	Deutsche Information über Ei und Hühnerhaltung
4	www.bleibfit.at	Hausmittel und Trainigshinweise
4	www.blutgruppen.org	Info über Test und Blutgruppen
4	www.bmi-rechner.net	Berechnungen des idealen Körpergewichts
4	www.das-blut.ch	Gute Zusammenfassung zum Thema Blut
4	www.de.wikipedia.org/wiki/Droge	Zusammenfassung kleines Drogen ABC
4	www.drogenkult.net	Extasy und Co, wissenswertes
4	www.drugscouts.de	Alles über Drogen und Drogenberatung
4	www.gesund.co.at	Vitamine erklärt
4	www.heimtest-schnelltests.de	Urintests, Selbstdiagnose, Leberwerte
4	www.heimtest-schnelltests.de	Wie funktioniert ein Drogentest?
4	www.index-essen.de	Inhaltsstoffe in unserer Nahrung aufgelistet
4	www.laborlexikon.de	Lexikon Medizin

KAPITELN UND INTERNET-INFO

Kap	Internetadresse	Kurzbeschreibung
4	www.laborlexikon.de	Laborwerte bewerten,
4	www.medizinfo.de	Wissenswertes über Hormone und Gesundheit
4	www.netdoktor.at (de)	Diagnose, Symtome, Laborwerte
4	www.pharmacie.de	Blutwerte beurteilen
4	www.ultimed.de	Drogenschnelltest zum selber machen
5	www.dwd.de	Gefahrenindex Sonnenstrahlen
5	www.sonnenbrand-tipps.de	Tipps zum Vorbeugen bei Sonnenbrand
5	www.umweltbundesamt.de	Wasch- und Reinigungsmittel, Inhaltstoffe
6	www.chemieunterricht.de	Homepage von Prof. Blumes mit Chemieversuchen
6	www.ecb.europa.eu	Europäische Zentralbank, Sicherheit Geldscheine
6	www.farbtabelle.at	Farben HTML auswählen und in RGB oder CMYK Code konvertieren
6	www.heimwerker.de	Info zu Farben
7	www.agrarplus.at	Heizen und Holzinfo
7	www.die-stromsparinitiative.de	Stromspartipps
7	www.e-control.at	Energierechner Gas und Strom Österreich
7	www.energietools.ea-nrw.de	Energiecheck für Deutschland
7	www.stromverbrauch-haushalt.de	Wieviel Strom verbraucht der Haushalt
7	www.wirsindheller.de	Lumen, Lux verstehen und umrechnen
8	www.autobild.de	Gute Artikel zum Thema Auto
8	www.kfz-tech.de	Thema Frostschutz, Kühlmittel
9	www.berliner-mikroskopische-gesellschaft.de	Bietet Kurs zum Thema an
9	www.cms.fu-berlin.de	e-learning Kurs für Geologen
9	www.diamanten-infos.com	Diamanten Infos zu Reinheit, Farbe und Größe
9	www.holzwurm-page.de	Holzarten bestimmen mit Bildern
9	www.kristallin.de	Top Adresse für Gestein
9	www.lapis.de	Mineralienmagazin
9	www.lichtmikroskop.net	Mikroskopie Einstieg
9	www.mineralienatlas.de	Mit vielen Abblidungen zum Thema
9	www.perlen-info.com	Info zu Perlenqualität
9	www.proholz.at/holzarten/	Holzarten bestimmen mit Bildern
9	www.seilnacht.com	Mineralien Härte uvm.
9	www.steine-und-minerale.de	Alles für Mineraliensammler und Ankauf

LABORGERÄTE UND CHEMIKALIEN

Lieferfirmen	Produkte
Autofachgeschäft	Refraktometer, Spindeln,
Elektronikfachhandel (Conrad)	pH Meter, Thermometer, Chloridmessgeräte, Mikroskope, Waagen, Energiecontroller,
Apotheke	Teststreifen Drogen, Gesundheit, Urin, Schwangerschaft, Chemikalien in kleinen Mengen. Jodtinktur, Kaliumchlorid,
Baumarkt	Testsets Aquarien, Nitrit, Nitrat, Ammonium, Gesamthärte, Chloridtests, Aceton, Petroläther, Farbabteilung,
Agrarmarkt	Messzylinder, Pipetten, Poolchemie, Testsets Aquarien)
Drogerie	Säuren, Kalilauge, Natronlauge,
Supermarkt	Gelatine, Glycerin (Babyöl), Natriumhydrogencarbonat (Backpulver)
Rotes Kreuz	Erste Hilfe Koffer, Augenwaschflaschen
www.forum.lambdasyn.org	Links die auch an Private Chemikalien liefern.
www.urhammer.de	Liefert sämtliche notwendigen Chemikalien und Lehrmitteln an Schulen, Gemeinden, Krankenhäuser.
www.laborbedarfshop.de	Glasgeräte, Messzylinder, Messkolben,
https://webshop.morphisto.de	Färbelösungen für Präparate, Phenolpthalein
www.amazon.de	Teststreifen, Vinometer, Spindeln, Bakterientest Wasser, Fleisch
www.koehlerchemie.com	Nachfüllsätze für Cosmos Chemiekasten
www.merckmillipore.com	Große Auswahl an Teststreifen, Bestellung über Internet oder Apotheke.

LITERATURHINWEISE

Neben dem Internet gab es auch einige Bücher:

Kurze Anleitung zur chemischen Analyse von k.Hanofsky und P. Artmann, Wien Franz Deuticke Verlag 1949

Anleitung zur Qualitativen Analyse von R. Ellmer und H.Weil, Umschau Verlag Frankfurt am Main 1959

Physik 1 von Sexl, Raab, Streeruwitz Verlag Hölder- Pichler Tempsky 1992 2. Auflage

Elemente von Magyar-Liebhart-Jelinek Österreichischer Bundesverlag Schulbuch GmbH & Co.KG Wien 2006

Moleküle von Magyar-Liebhart-Jelinek Österreichischer Bundesverlag Schulbuch GmbH & Co.KG Wien 2007

Mineralien und Steine Das neue kompakte Bestimmungsbuch von Basil Booth Verlag Könemann 1997

Kosmos Mikroskopie Experimentieranleitung Christoph I. Koschnitzke, Johannes Lieder, Dagmar Rehberger Verlag Franckh-Kosmos-GmbH & Co Stuttgart 1999

Chromatographie für Einsteiger Karl Kaltenböck, Wiley Verlag 2007